11G101平法图集应用系列丛书

混凝土结构平法识图要点解析

许佳琪　主编

中国计划出版社

图书在版编目（CIP）数据

混凝土结构平法识图要点解析/许佳琪主编. —北京：中国
计划出版社，2015. 8
（11G101 平法图集应用系列丛书）
ISBN 978-7-5182-0218-8

Ⅰ. ①混…　Ⅱ. ①许…　Ⅲ. ①混凝土结构－建筑构图
－识别　Ⅳ. ①TU37

中国版本图书馆 CIP 数据核字（2015）第 179445 号

11G101 平法图集应用系列丛书
混凝土结构平法识图要点解析
许佳琪　主编

中国计划出版社出版
网址：www.jhpress.com
地址：北京市西城区木樨地北里甲 11 号国宏大厦 C 座 3 层
邮政编码：100038　电话：（010）63906433（发行部）
新华书店北京发行所发行
北京天宇星印刷厂印刷

787mm×1092mm　1/16　13.25 印张　316 千字
2015 年 8 月第 1 版　2015 年 8 月第 1 次印刷
印数 1—3000 册

ISBN 978-7-5182-0218-8
定价：40.00 元

混凝土结构平法识图要点解析
编写组

主　编　许佳琪

参　编　刘珊珊　　王　爽　　张　进　　罗　娜

　　　　周　默　　杨　柳　　宗雪舟　　元心仪

　　　　宋立音　　刘凯旋　　张金玉　　赵子仪

　　　　许　洁　　徐书婧　　王春乐

前　　言

　　所谓平法就是把结构构件尺寸和钢筋等，按照平面整体表示方法的制图规则，整体直接表达在各类构件的结构平面布置图上，再与标准构造详图相配合，构成一套完整的结构施工图的方法。平法改变了传统结构施工图中从平面布置图中索引，再逐个绘制配筋详图的烦琐方法，减小了设计人员的工作量，同时也减少了传统结构施工图中"错、漏、碰、缺"的质量通病。平法实现了结构领域标准构造设计的集成化，被称为建筑结构领域的成功之作，是原国家科委列为国家级推广的重点科研成果，也是对我国混凝土结构施工图设计表示方法的重大改革。为了提高建筑工程技术人员的设计水平和创新能力，更快、更正确地理解和应用 11G101 系列图集，确保和提高工程建设质量，我们组织编写了本书。

　　本书主要包括独立基础平法识图、条形基础平法识图、筏形基础平法识图、柱平法识图、剪力墙平法识图、梁平法识图、板平法识图以及板式楼梯平法识图等内容。

　　本书以最新的技术标准、规范为依据，具有很强的针对性和适用性。以要点解析的形式进行详细阐述，其表现形式新颖、易于理解、便于执行，方便读者抓住主要问题，及时查阅和学习。本书可供设计人员、施工技术人员、工程造价人员以及相关专业大中专的师生学习参考。

　　由于编者水平有限，书中错误、疏漏在所难免，恳请广大读者提出宝贵意见。

编　者

2014 年 7 月

目　　录

第1章　独立基础平法识图 ……………………………………………（ 1 ）

要点1：独立基础平法施工图集中标注 ………………………………（ 1 ）

要点2：独立基础平法施工图原位标注 ………………………………（ 5 ）

要点3：独立基础平法施工图截面注写方式 …………………………（ 7 ）

要点4：独立基础底板配筋构造特点 …………………………………（ 8 ）

要点5：双柱独立基础底板与顶部配筋 ………………………………（ 10 ）

要点6：独立基础底板配筋长度缩减10%的构造 ……………………（ 11 ）

要点7：普通单杯口独立基础构造 ……………………………………（ 12 ）

要点8：双杯口独立基础构造 …………………………………………（ 13 ）

要点9：高杯口独立基础构造 …………………………………………（ 14 ）

要点10：双高杯口独立基础构造 ……………………………………（ 15 ）

要点11：单柱普通独立深基础短柱配筋构造 ………………………（ 16 ）

要点12：双柱普通独立深基础短柱配筋构造 ………………………（ 17 ）

第2章　条形基础平法识图 ……………………………………………（ 19 ）

要点1：条形基础平法施工图集中标注 ………………………………（ 19 ）

要点2：条形基础平法施工图原位标注 ………………………………（ 20 ）

要点3：条形基础平法施工图截面注写方式 …………………………（ 21 ）

要点4：基础梁JL纵向钢筋与箍筋构造 ……………………………（ 22 ）

要点5：基础梁端部等截面外伸钢筋构造 ……………………………（ 25 ）

要点6：基础梁端部变截面外伸构造 …………………………………（ 26 ）

要点7：基础梁端部无外伸构造 ………………………………………（ 27 ）

要点8：基础梁中间变截面——梁顶或梁底有高差构造 …………（ 28 ）

要点9：基础梁柱两边梁宽不同钢筋构造 ……………………………（ 31 ）

要点10：十字交接基础底板配筋构造 ………………………………（ 31 ）

要点11：丁字交接基础底板配筋构造 ………………………………（ 32 ）

要点12：转角梁板端部均有纵向延伸构造 …………………………（ 32 ）

要点13：转角梁板端部无纵向延伸构造 ……………………………（ 33 ）

要点14：条形基础无交接底板端部构造 ……………………………（ 33 ）

要点15：条形基础底板配筋长度减短10% …………………………（ 33 ）

要点16：基础梁与柱结合部侧腋构造 ………………………………（ 34 ）

要点17：条形基础梁竖向加腋构造 …………………………………（ 35 ）

第3章　筏形基础平法识图 ……………………………………………（ 37 ）

要点1：梁板式筏形基础平板的平面注写方式 ……………………（ 37 ）

1

要点 2：平板式筏形基础构件的类型及编号 ………………………………（ 39 ）

要点 3：柱下板带与跨中板带的平面注写方式 ……………………………（ 39 ）

要点 4：平板式筏形基础平板的平面注写方式 ……………………………（ 41 ）

要点 5：基础次梁 JCL 纵向钢筋与箍筋构造 ……………………………（ 42 ）

要点 6：基础次梁端部等截面外伸构造 ……………………………………（ 45 ）

要点 7：基础次梁端部变截面外伸构造 ……………………………………（ 46 ）

要点 8：基础次梁中间变截面——梁顶或梁底有高差构造 ………………（ 46 ）

要点 9：基础次梁支座两边梁宽不同钢筋构造 ……………………………（ 48 ）

要点 10：基础次梁竖向加腋钢筋构造 ……………………………………（ 49 ）

要点 11：梁板式筏形基础平板钢筋构造 …………………………………（ 49 ）

要点 12：梁板式筏形基础端部等截面外伸构造 …………………………（ 52 ）

要点 13：梁板式筏形基础端部变截面外伸构造 …………………………（ 53 ）

要点 14：梁板式筏形基础端部无外伸构造 ………………………………（ 54 ）

要点 15：梁板式筏形基础中间变截面——板顶或板底有高差构造 ……（ 55 ）

要点 16：梁板式筏形基础板封边构造 ……………………………………（ 56 ）

要点 17：平板式筏形基础钢筋标准构造 …………………………………（ 57 ）

要点 18：平板式筏形基础平板钢筋构造（柱下区域） ……………………（ 59 ）

要点 19：平板式筏形基础平板钢筋构造（跨中区域） ……………………（ 59 ）

第 4 章 柱平法识图 ………………………………………………………（ 62 ）

要点 1：柱列表注写方式 ……………………………………………………（ 62 ）

要点 2：柱截面注写方式 ……………………………………………………（ 63 ）

要点 3：抗震框架柱纵向钢筋连接构造 ……………………………………（ 65 ）

要点 4：抗震框架柱边柱和角柱柱顶纵向钢筋的构造 ……………………（ 68 ）

要点 5：抗震框架柱、剪力墙上柱、梁上柱的箍筋加密区范围 …………（ 69 ）

要点 6：非抗震框架柱纵向钢筋连接构造 …………………………………（ 71 ）

要点 7：非抗震框架柱箍筋构造 ……………………………………………（ 72 ）

要点 8：框架柱插筋在基础中的锚固构造 …………………………………（ 73 ）

要点 9：框架柱变截面位置纵向钢筋构造 …………………………………（ 75 ）

要点 10：框架柱顶层中间节点钢筋构造 …………………………………（ 76 ）

要点 11：矩形箍筋的复合方式 ……………………………………………（ 77 ）

要点 12：柱平法施工图识读实例 …………………………………………（ 79 ）

第 5 章 剪力墙平法识图 …………………………………………………（ 83 ）

要点 1：剪力墙列表注写方式 ………………………………………………（ 83 ）

要点 2：剪力墙截面注写方式 ………………………………………………（ 88 ）

要点 3：剪力墙洞口的表示方法 ……………………………………………（ 89 ）

要点 4：地下室外墙表示方法 ………………………………………………（ 90 ）

要点 5：剪力墙水平分布钢筋在端柱锚固构造 ……………………………（ 91 ）

要点 6：剪力墙水平分布钢筋在翼墙锚固构造 ……………………………（ 92 ）

要点 7:剪力墙水平分布钢筋在转角墙锚固构造 ……………………………（ 93 ）

要点 8:剪力墙水平分布筋在端部无暗柱封边构造 ……………………………（ 94 ）

要点 9:剪力墙水平分布筋在端部有暗柱封边构造 ……………………………（ 94 ）

要点 10:剪力墙水平分布筋交错连接构造 ………………………………………（ 94 ）

要点 11:剪力墙水平分布筋斜交墙构造 …………………………………………（ 95 ）

要点 12:剪力墙竖向分布筋连接构造 ……………………………………………（ 95 ）

要点 13:剪力墙变截面竖向分布筋构造 …………………………………………（ 96 ）

要点 14:剪力墙身顶部钢筋构造 …………………………………………………（ 96 ）

要点 15:剪力墙身拉筋构造 ………………………………………………………（ 97 ）

要点 16:剪力墙约束边缘构件 ……………………………………………………（ 98 ）

要点 17:剪力墙水平钢筋计入约束边缘构件体积配箍率的构造 ………………（ 99 ）

要点 18:剪力墙构造边缘构件 ……………………………………………………（101）

要点 19:剪力墙插筋在基础中的锚固构造 ………………………………………（101）

要点 20:剪力墙边缘构件纵向钢筋连接构造 ……………………………………（103）

要点 21:剪力墙连梁配筋构造 ……………………………………………………（104）

要点 22:剪力墙连梁、暗梁、边框梁侧面纵筋和拉筋构造 ……………………（106）

要点 23:地下室外墙水平钢筋构造 ………………………………………………（106）

要点 24:地下室外墙竖向钢筋构造 ………………………………………………（107）

要点 25:剪力墙平法施工图识读实例 ……………………………………………（108）

第 6 章 梁平法识图 ……………………………………………………………（116）

要点 1:梁平面注写方式 …………………………………………………………（116）

要点 2:梁截面注写方式 …………………………………………………………（121）

要点 3:"上部通长筋为梁集中标注的必注项"的原因 …………………………（122）

要点 4:"下部通长筋为梁集中标注的选注项"的原因 …………………………（123）

要点 5:抗震楼层框架梁纵向钢筋构造 …………………………………………（123）

要点 6:屋面框架梁端纵向钢筋构造 ……………………………………………（125）

要点 7:屋面框架梁中间支座变截面钢筋构造 …………………………………（126）

要点 8:楼层框架梁中间支座变截面处纵向钢筋构造 …………………………（127）

要点 9:抗震楼层框架梁端支座节点构造 ………………………………………（128）

要点 10:抗震楼层框架梁侧面纵筋的构造 ………………………………………（128）

要点 11:抗震框架梁和屋面框架梁箍筋构造要求 ………………………………（129）

要点 12:不伸入支座梁下部纵向钢筋构造要求 …………………………………（130）

要点 13:非抗震楼层框架梁纵向钢筋构造 ………………………………………（130）

要点 14:非抗震框架梁和屋面框架梁箍筋构造要求 ……………………………（132）

要点 15:非抗震屋面框架梁纵向钢筋构造 ………………………………………（132）

要点 16:非框架梁配筋构造 ………………………………………………………（133）

要点 17:框架梁水平加腋构造 ……………………………………………………（133）

要点 18:框架梁竖向加腋构造 ……………………………………………………（136）

要点 19:框支梁钢筋构造 ……………………………………………（136）

要点 20:框支柱钢筋构造 ……………………………………………（136）

要点 21:井字梁的构造 ………………………………………………（140）

要点 22:梁平法施工图识读实例 ……………………………………（142）

第 7 章　板平法识图 ………………………………………………（144）

要点 1:有梁楼盖板的识图 …………………………………………（144）

要点 2:无梁楼盖板的识图 …………………………………………（147）

要点 3:楼板相关构造的识图 ………………………………………（150）

要点 4:有梁楼盖楼(屋)面板钢筋构造 ……………………………（150）

要点 5:有梁楼盖不等跨板上部贯通纵筋连接构造 ………………（153）

要点 6:单(双)向板配筋构造 ………………………………………（155）

要点 7:纵筋加强带 JQD 的直接引注和配筋构造 …………………（155）

要点 8:后浇带 HJD 的直接引注和配筋构造 ………………………（157）

要点 9:柱帽 ZMX 的直接引注和配筋构造 …………………………（158）

要点 10:局部升降板 SJB 的直接引注和配筋构造 …………………（161）

要点 11:板加腋 JY 的直接引注和配筋构造 ………………………（164）

要点 12:板开洞 BD 的直接引注和配筋构造 ………………………（165）

要点 13:板翻边 FB 的直接引注和配筋构造 ………………………（168）

要点 14:角部加强筋 Crs 的直接引注 ………………………………（168）

要点 15:抗冲切箍筋 Rh 和弯起筋 Rb 的直接引注和配筋构造 …（169）

要点 16:悬挑板的配筋构造 …………………………………………（170）

要点 17:柱上板带纵向钢筋构造 ……………………………………（171）

要点 18:跨中板带纵向钢筋构造 ……………………………………（171）

要点 19:板带端支座纵向钢筋构造 …………………………………（173）

要点 20:板带悬挑端纵向钢筋构造 …………………………………（173）

要点 21:板平法施工图识读实例 ……………………………………（174）

第 8 章　板式楼梯平法识图 ………………………………………（177）

要点 1:板式楼梯的平面注写方式 …………………………………（177）

要点 2:板式楼梯的剖面注写方式 …………………………………（177）

要点 3:板式楼梯的列表注写方式 …………………………………（178）

要点 4:板式楼梯包含的构件 ………………………………………（178）

要点 5:现浇混凝土板式楼梯的类型 ………………………………（179）

要点 6:AT ~ ET 型板式楼梯的特征 ………………………………（180）

要点 7:FT ~ HT 型板式楼梯的特征 ………………………………（183）

要点 8:ATa、ATb 型板式楼梯的特征 ……………………………（185）

要点 9:ATc 型板式楼梯的特征 ……………………………………（186）

要点 10：AT～ET 型梯板配筋构造 ……………………………………（187）

要点 11：楼梯与基础连接构造 ………………………………………（193）

要点 12：板式楼梯钢筋识图实例 ……………………………………（194）

参考文献 ……………………………………………………………（199）

第1章 独立基础平法识图

要点1：独立基础平法施工图集中标注

1. 基础编号

各种独立基础编号，见表1-1。

表1-1 独立基础编号

类　　型	基础底板截面形状	代　　号	序　　号
普通独立基础	阶形	DJ_J	××
	坡形	DJ_P	××
杯口独立基础	阶形	BJ_J	××
	坡形	BJ_P	××

注：设计时应注意：当独立基础截面形状为坡形时，其坡面应采用能保证混凝土浇筑、振捣密实的较缓坡度；
当采用较陡坡度时，应要求施工采用在基础顶部坡面加模板等措施，以确保独立基础的坡面浇筑成型、振捣
密实。

2. 截面竖向尺寸

（1）普通独立基础（包括单柱独基和多柱独基）

1）阶形截面。当基础为阶形截面时，注写方式为"$h_1/h_2/\cdots$"，如图1-1所示。
图1-1为三阶；当为更多阶时，各阶尺寸自下而上用"/"分隔顺写。当基础为单阶时，
其竖向尺寸仅为一个，且为基础总厚度，如图1-2所示。

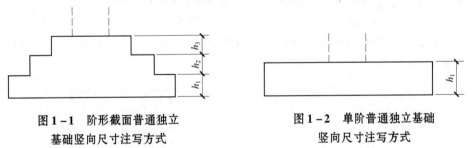

图1-1 阶形截面普通独立　　　　　图1-2 单阶普通独立基础
基础竖向尺寸注写方式　　　　　　竖向尺寸注写方式

2）坡形截面。当基础为坡形截面时，注写方式为"h_1/h_2"，如图1-3所示。

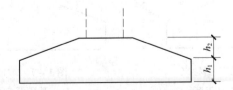

图1-3 坡形截面普通独立基础竖向尺寸注写方式

【例1-1】 当坡形截面普通独立基础 DJp××的竖向尺寸注写为 350/300 时，表示 $h_1 = 350$、$h_2 = 300$，基础底板总厚度为 650。

（2）杯口独立基础

1）阶形截面。当基础为阶形截面时，其竖向尺寸分两组，一组表达杯口内，另一组表达杯口外，两组尺寸以"，"分隔，注写方式为"a_0/a_1，$h_1/h_2/\cdots$"，如图 1-4、图 1-5 所示，其中杯口深度 a_0 为柱插入杯口的尺寸加 50mm。

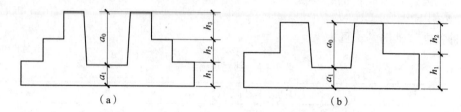

图 1-4 阶形截面杯口独立基础竖向尺寸注写方式
（a）注写方式（一）；（b）注写方式（二）

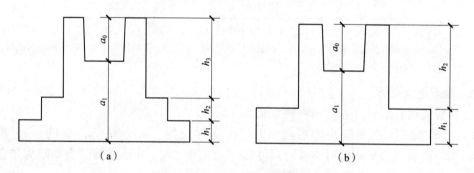

图 1-5 阶形截面高杯口独立基础竖向尺寸注写方式
（a）注写方式（一）；（b）注写方式（二）

2）坡形截面。当基础为坡形截面时，注写方式为"a_0/a_1，$h_1/h_2/h_3/\cdots$"，如图1-6、图 1-7 所示。

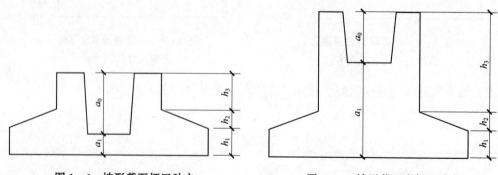

图 1-6 坡形截面杯口独立 基础竖向尺寸注写方式　　**图 1-7 坡形截面高杯口独立 基础竖向尺寸注写方式**

3. 配筋

（1）独立基础底板配筋

普通独立基础（单柱独基）和杯口独立基础的底部双向配筋注写方式如下：

1）以 B 代表各种独立基础底板的底部配筋。

2）X 向配筋以 X 打头、Y 向配筋以 Y 打头注写；当两向配筋相同时，则以 X&Y 打头注写。

【例 1-2】 当独立基础底板配筋标注为：B：X $\underline{\Phi}$16@150，Y $\underline{\Phi}$16@200；表示基础底板底部配置 HRB400 级钢筋，X 向直径为 $\underline{\Phi}$16，分布间距 150；Y 向直径为 $\underline{\Phi}$16，分布间距 200，如图 1-8 所示。

（2）杯口独立基础顶部焊接钢筋网

杯口独立基础顶部焊接钢筋网注写方式为：以 Sn 打头引注杯口顶部焊接钢筋网的各边钢筋。

【例 1-3】 当杯口独立基础顶部钢筋网标注为：Sn 2 $\underline{\Phi}$14，表示杯口顶部每边配置 2 根 HRB400 级直径为 $\underline{\Phi}$14 的焊接钢筋网，如图 1-9 所示。

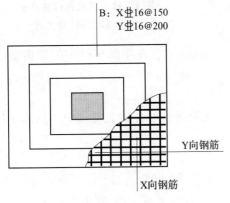

图 1-8 独立基础底板底部双向配筋示意

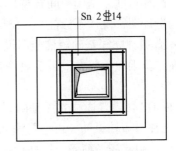

图 1-9 单杯口独立基础顶部焊接钢筋网示意

注：高杯口独立基础应配置顶部钢筋网；非高杯口独立基础是否配置，应根据具体工程情况确定。

当双杯口独立基础中间杯壁厚度小于 400mm 时，在中间杯壁中配置构造钢筋见相应标准构造详图，设计不注。

（3）高杯口独立基础侧壁外侧和短柱配筋

高杯口独立基础侧壁外侧和短柱配筋注写方式为：

1）以 O 代表杯壁外侧和短柱配筋。

2）先注写杯壁外侧和短柱纵筋，再注写箍筋。注写方式为"角筋/长边中部筋/短边中部筋，箍筋（两种间距）"；当杯壁水平截面为正方形时，注写方式为"角筋/x 边中部筋/y 边中部筋，箍筋（两种间距，杯口范围内箍筋间距/短柱范围内箍筋间距）"。

【例 1-4】 当高杯口独立基础的杯壁外侧和短柱配筋标注为：O：4 $\underline{\Phi}$20/$\underline{\Phi}$16@220/$\underline{\Phi}$16@200，Φ10@150/300；表示高杯口独立基础的杯壁外侧和短柱配置 HRB400 级竖向钢筋和 HPB300 级箍筋。其竖向钢筋为：4 $\underline{\Phi}$20 角筋、$\underline{\Phi}$16@220 长边中部筋和 $\underline{\Phi}$16@

200 短边中部筋；其箍筋直径为 $\phi10$，杯口范围间距为 150mm，短柱范围间距为 300mm，如图 1-10 所示。

　　3）双高杯口独立基础的杯壁外侧配筋。对于双高杯口独立基础的杯壁外侧配筋，注写方式与单高杯口相同，施工区别在于杯壁外侧配筋为同时箍住两个杯口的外壁配筋，如图 1-11 所示。

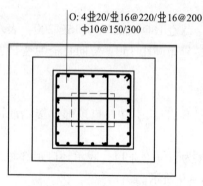

O: 4⎕20/⎕16@220/⎕16@200
ϕ10@150/300

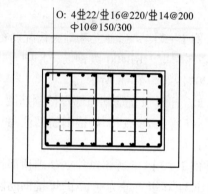

O: 4⎕22/⎕16@220/⎕14@200
ϕ10@150/300

图 1-10　高杯口独立基础杯壁配筋示意

图 1-11　双高杯口独立基础杯壁配筋注写方式

　　当双高杯口独立基础中间杯壁厚度小于 400mm 时，在中间杯壁中配置构造钢筋见相应标准构造详图，设计不标注。

　　（4）普通独立深基础短柱竖向尺寸及钢筋

　　当独立基础埋深较大，设置短柱时，短柱配筋应注写在独立基础中。具体注写方式如下：

　　1）以 DZ 代表普通独立深基础短柱。

　　2）先注写短柱纵筋，再注写箍筋，最后注写短柱标高范围。注写方式为"角筋/长边中部筋/短边中部筋，箍筋，短柱标高范围"；当短柱水平截面为正方形时，注写方式为"角筋/x 中部筋/y 中部筋，箍筋，短柱标高范围"。

　　（5）多柱独立基础顶部配筋

　　独立基础通常为单柱独立基础，也可为多柱独立基础（双柱或四柱等）。多柱独立基础的编号、几何尺寸和配筋的标注方法与单柱独立基础相同。

　　当为双柱独立基础时，通常仅基础底部配筋；当柱距离较大时，除基础底部配筋外，尚需在两柱间配置，顶部一般要配置基础顶部钢筋或配置基础梁；当为四柱独立基础时，通常可设置两道平行的基础梁，需要时可在两道基础梁之间配置基础顶部钢筋。

　　多柱独立基础的底板顶部配筋注写方式为：

　　1）以 T 代表多柱独立基础的底板顶部配筋。注写格式为"双柱间纵向受力钢筋/分布钢筋"。当纵向受力钢筋在基础底板顶面非满布时，应注明其根数。

　　2）基础梁的注写规定与条形基础的基础梁注写方式相同。

　　3）双柱独立基础的底板配筋注写方式，可以按条形基础底板的注写方式，也可以按独立基础底板的注写方式。

　　4）配置两道基础梁的四柱独立基础底板顶部配筋注写方式。当四柱独立基础已设置两道平行的基础梁时，根据内部需要可在双梁之间及梁的长度范围内配置基础顶部钢筋，注写方式为"梁间受力钢筋/分布钢筋"。

4. 底面标高

当独立基础的底面标高与基础底面基准标高不同时，应将独立基础底面标高直接注写在"（ ）"内。

5. 必要的文字注解

当独立基础的设计有特殊要求时，宜增加必要的文字注解。例如，基础底板配筋长度是否采用减短方式等，可在该项内注明。

要点2：独立基础平法施工图原位标注

钢筋混凝土和素混凝土独立基础的原位标注，是指在基础平面布置图上标注独立基础的平面尺寸。对相同编号的基础，可选择一个进行原位标注；当平面图形较小时，可将所选定进行原位标注的基础按比例适当放大；其他相同编号者仅注编号。下面按普通独立基础和杯口独立基础分别进行说明。

1. 普通独立基础

原位标注 x、y，x_c、y_c（或圆柱直径 d_c），x_i、y_i，$i = 1$，2，3…。其中，x、y 为普通独立基础两向边长，x_c、y_c 为柱截面尺寸，x_i、y_i 为阶宽或坡形平面尺寸（当设置短柱时，尚应标注短柱的截面尺寸）。

（1）阶形截面

对称阶形截面普通独立基础原位标注识图，如图1－12所示。非对称阶形截面普通独立基础原位标注识图，如图1－13所示。

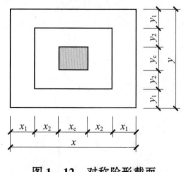

图1－12 对称阶形截面
普通独立基础原位标注

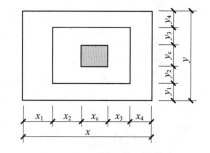

图1－13 非对称阶形截面
普通独立基础原位标注

设置短柱普通独立基础原位标注识图，如图1－14所示。

（2）坡形截面

对称坡形普通独立基础原位标注识图，如图1－15所示。非对称坡形普通独立基础原位标注识图，如图1－16所示。

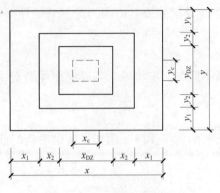

图1-14 设置短柱普通
独立基础原位标注

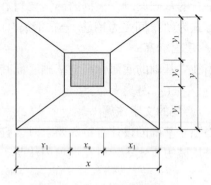

图1-15 对称坡形截面普通
独立基础原位标注

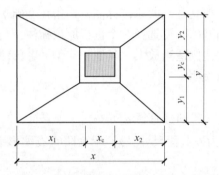

图1-16 非对称坡形截面普通独立基础原位标注

2. 杯口独立基础

原位标注 x、y、x_u、y_u、t_i、x_i、y_i，$i = 1$，2，3…。其中，x、y 为杯口独立基础两向边长，x_u、y_u 为柱截面尺寸，t_i 为杯壁厚度，x_i、y_i 为阶宽或坡形截面尺寸。

杯口上口尺寸 x_u、y_u，按柱截面边长两侧双向各加75mm；杯口下口尺寸按标准构造详图（为插入杯口的相应柱截面边长尺寸，每边各加50mm），设计不注。

（1）阶形截面

阶形截面杯口独立基础原位标注识图，如图1-17所示。

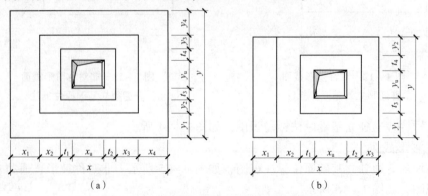

（a）   （b）

图1-17 阶形截面杯口独立基础原位标注

（a）基础底板四边阶数相同；（b）基础底板的一边比其他三边多一阶

（2）坡形截面

坡形截面杯口独立基础原位标注识图，如图1-18所示。

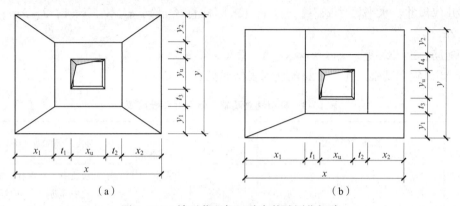

图1-18　坡形截面杯口独立基础原位标注

（a）基础底板四边均放坡；（b）基础底板有两边不放坡

注：高杯口独立基础原位标注与杯口独立基础完全相同。

要点3：独立基础平法施工图截面注写方式

独立基础的截面注写方式，可分为截面标注和列表注写（结合截面示意图）两种表达方式。采用截面注写方式，应在基础平面布置图上对所有基础进行编号，见表1-1。

1．截面标注

截面标注适用于单个基础的标注，与传统"单构件正投影表示方法"基本相同。对于已在基础平面布置图上原位标注清楚的该基础的平面几何尺寸，在截面图上可不再重复表达，具体表达内容可参照《11G101-3》图集中相应的标准构造。

2．列表标注

列表标注主要适用于多个同类基础的标注的集中表达。表中内容为基础截面的几何数据和配筋等，在截面示意图上应标注与表中栏目相对应的代号。

1）普通独立基础几何尺寸和配筋列表格式见表1-2。

表1-2　普通独立基础几何尺寸和配筋表

基础编号/截面号	截面几何尺寸				底部配筋（B）	
	x、y	x_c、y_c	x_i、y_i	$h_1/h_2/\cdots$	X 向	Y 向

注：表中可根据实际情况增加栏目。例如：当基础底面标高与基础底面基准标高不同时，加注基础底面标高；当为双柱独立基础时，加注基础顶部配筋或基础梁几何尺寸和配筋；当设置短柱时增加短柱尺寸及配筋等。

表中各项栏目含义：

①编号：阶形截面编号为 $DJ_J \times \times$，坡形截面编号为 $DJ_P \times \times$。

②几何尺寸：水平尺寸 x、y，x_c、y_c（或圆柱直径 d_c），x_i、y_i，$i=1$，2，3$\cdots$；竖向尺寸 $h_1/h_2/\cdots$。

③配筋：B：X：$\Phi \times \times @ \times \times \times$，Y：$\Phi \times \times @ \times \times \times$。

2）杯口独立基础几何尺寸和配筋列表格式见表 1-3。

表 1-3　杯口独立基础几何尺寸和配筋表

基础编号/截面号	截面几何尺寸				底部配筋（B）		杯口顶部钢筋网（Sn）	杯壁外侧配筋（O）	
	x、y	x_c、y_c	x_i、y_i	a_0、a_1，$h_1/h_2/h_3\cdots$	X向	Y向		角筋/长边中部筋/短边中部筋	杯口箍筋/短柱箍筋

注：表中可根据实际情况增加栏目。如当基础底面标高与基础底面基准标高不同时，加注基础底面标高；或增加说明栏目等。

表中各项栏目含义：

①编号：阶形截面编号为 $BJ_J \times \times$，坡形截面编号为 $BJ_P \times \times$。

②几何尺寸：水平尺寸 x、y，x_u、y_u，t_i，x_i、y_i，$i=1$，2，3$\cdots$；竖向尺寸 a_0、a_1，$h_1/h_2/h_3\cdots$。

③配筋：B：X：$\Phi \times \times @ \times \times \times$，Y：$\Phi \times \times @ \times \times \times$，$Sn \times \Phi \times \times$，O：$\times \Phi \times \times / \Phi \times \times @ \times \times \times / \Phi \times \times @ \times \times \times$，$\Phi \times \times @ \times \times \times / \times \times \times$。

要点 4：独立基础底板配筋构造特点

独立基础底板配筋构造适用于普通独立基础、杯口独立基础，其配筋构造如图 1-19 所示。

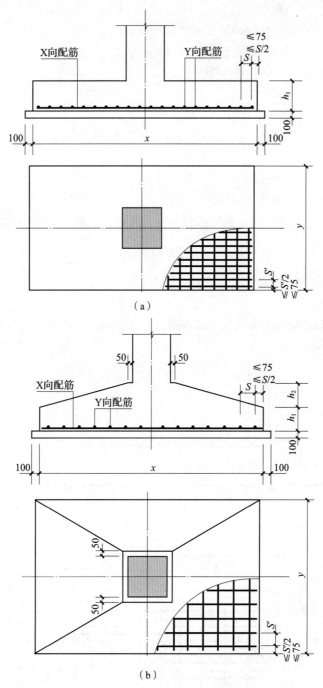

图1-19 独立基础底板配筋构造

(a) 阶形；(b) 坡形

从图中可以读到以下内容：

1. X向钢筋

$$长度 = x - 2c$$

$$根数 = \left[y - 2 \times \min (75, S'/2) \right] / S' + 1$$

式中：　　　　c——钢筋保护层的最小厚度（mm）；

　min $(75, S'/2)$——X 向钢筋起步距离（mm）；

S'——X 向钢筋间距（mm）。

2. Y 向钢筋

$$长度 = y - 2c$$

$$根数 = \left[x - 2 \times \min (75, S/2) \right] / S + 1$$

式中：　　　　c——钢筋保护层的最小厚度（mm）；

　min $(75, S/2)$——Y 向钢筋起步距离（mm）；

S——Y 向钢筋间距（mm）。

除此之外，也可看出，独立基础底板双向交叉钢筋布置时，短向设置在上，长向设置在下。

要点 5：双柱独立基础底板与顶部配筋

双柱独立基础底板与顶部配筋，由纵向受力钢筋和横向分布筋组成，如图 1 - 20 所示，其钢筋构造要点如下：

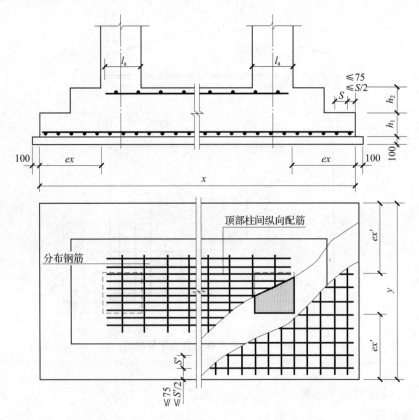

图 1 - 20　双柱独立基础底板与顶部配筋构造

1）纵向受力钢筋。纵向受力钢筋长度为两柱之间净距内侧边 + 两端锚固（每边锚固 l_a）。

2）横向分布筋。横向分布筋长度 = 纵向受力筋布置范围长度 + 两端超出受力筋外的长度（每边按 75mm 取值）。

横向分布筋根数在纵向受力筋的长度范围布置，起步距一般按"分布筋间距/2"考虑。分布筋位置宜设置在受力筋之下。

双柱独立基础底板底部配筋，由双向受力筋组成，钢筋构造要点如下：

1）沿双柱方向，在确定基础底板底部钢筋长度缩减 10% 时，基础底板长度应按减去两柱中心距尺寸后的长度取用。

2）钢筋位置关系。双柱普通独立基础底部双向交叉钢筋，根据基础两个方向从柱外缘至基础外缘的延伸长度 ex 和 ex' 的大小，较大者方向的钢筋设置在下，较小者方向的钢筋设置在上。而基础顶部双向交叉钢筋，则柱间纵向钢筋在上，柱间分布钢筋在下。

要点6：独立基础底板配筋长度缩减 10% 的构造

1. 对称独立基础构造

底板配筋长度缩减 10% 的对称独立基础构造，如图 1 − 21 所示。

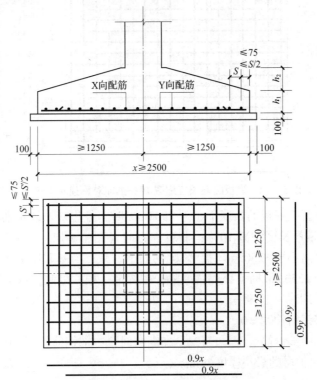

图 1 − 21 底板配筋长度缩减 10% 的对称独立基础构造

当对称独立基础底板的长度不小于 2500mm 时，各边最外侧钢筋不缩减；除了外侧钢筋外，其他底板配筋可以缩减 10%，即取相应方向底板长度的 0.9 倍。因此，可得出下列计算公式：

$$外侧钢筋长度 = x - 2c \ 或 \ y - 2c$$

$$其他钢筋长度 = 0.9x \ 或 = 0.9y$$

式中：c——钢筋保护层的最小厚度（mm）。

2. 非对称独立基础

底板配筋长度缩减 10% 的非对称独立基础构造，如图 1-22 所示。

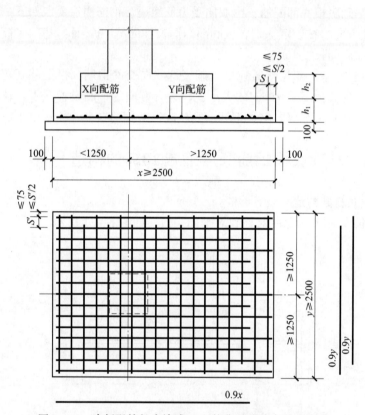

图 1-22　底板配筋长度缩减 10% 的非对称独立基础构造

当非对称独立基础底板的长度不小于 2500mm 时，各边最外侧钢筋不缩减；对称方向（图中 y 向）中部钢筋长度缩减 10%；非对称方向（图中 x 向）：当基础某侧从柱中心至基础底板边缘的距离小于 1250mm 时，该侧钢筋不缩减；当基础某侧从柱中心至基础底板边缘的距离不小于 1250mm 时，该侧钢筋隔一根缩减一根。因此，可得出以下计算公式：

外侧钢筋（不缩减）长度 $= x - 2c \ 或 \ y - 2c$

对称方向中部钢筋长度 $= 0.9y$

非对称方向，中部钢筋长度 $= x - 2c$；在缩减时，中部钢筋长度 $= 0.9y$。

式中：c——钢筋保护层的最小厚度（mm）。

要点 7：普通单杯口独立基础构造

普通单杯口独立基础构造，见图 1-23。

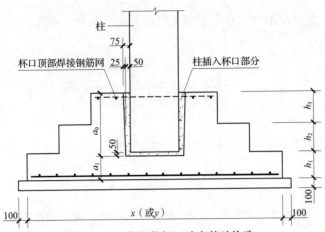

图1-23 普通单杯口独立基础构造

柱插入杯口部分的表面应凿毛，柱子和杯口之间的空隙用比基础混凝土强度等级高一级的细石混凝土先填杯口底部，将柱校正后灌注振实柱的四周。

普通单杯口独立基础顶部焊接钢筋网构造，见图1-24。

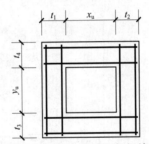

图1-24 普通单杯口独立基础顶部焊接钢筋网构造

要点8：双杯口独立基础构造

双杯口独立基础构造如图1-25所示。

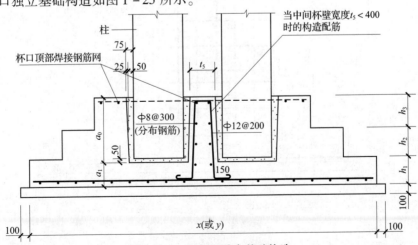

图1-25 双杯口独立基础构造

普通双杯口独立基础的杯口顶部焊接钢筋网构造，见图 1－26。

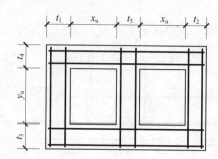

图 1－26　普通双杯口独立基础的杯口顶部焊接钢筋网构造

要点 9：高杯口独立基础构造

高杯口独立基础杯壁和基础短柱配筋构造，如图 1－27 所示。

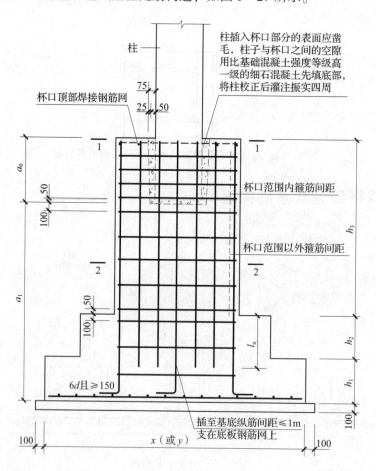

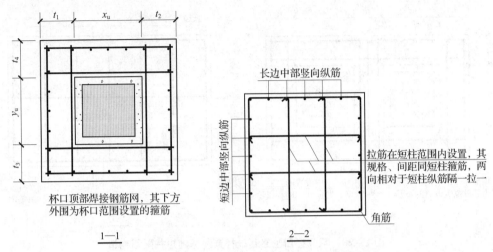

图 1-27 高杯口独立基础杯壁和基础短柱配筋构造

要点 10：双高杯口独立基础构造

当双杯口的中间杯壁宽度 $t_5 < 400\text{mm}$ 时，设置中间杯壁构造配筋。如图 1-28 所示。

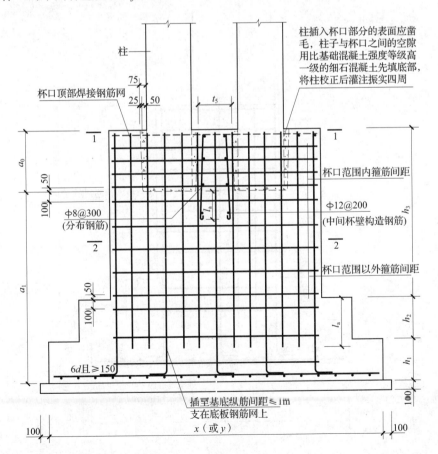

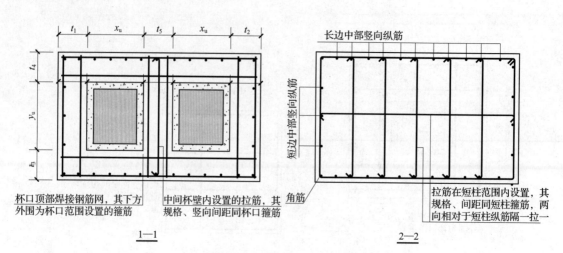

图 1-28 双高杯口独立基础杯壁和基础短柱配筋构造

要点 11：单柱普通独立深基础短柱配筋构造

单柱普通独立深基础短柱配筋构造如图 1-29 所示。

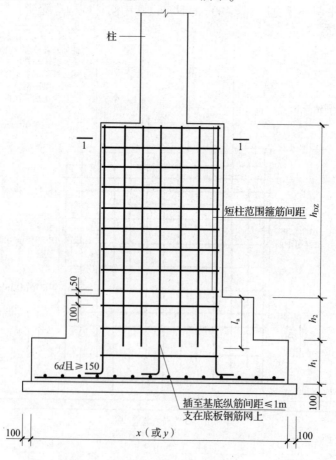

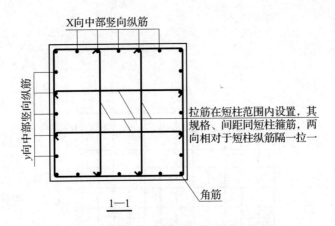

图 1 – 29   单柱普通独立深基础短柱配筋构造

从图中可以读到以下内容：

1）单柱普通独立深基础底板的截面形式可为阶行截面 BJ_J 或坡形截面 BJ_P。当为坡形截面且坡度较大时，应在坡面上安装顶部模板，以确保混凝土能够浇筑成型、振捣密实。

2）短柱角部纵筋和部分中间纵筋插至基底纵筋间距≤1m 支在底板钢筋网上，其余中间的纵筋不插至基底，仅锚入基础 l_a。

3）端柱箍筋在基础顶面以上 50mm 处开始布置；短柱在基础内部的箍筋在基础顶面以下 100mm 处开始布置。

4）拉筋在端柱范围内设置，其规格、间距同短柱箍筋，两向相对于端柱纵筋隔一拉一。如图中"1—1"断面图所示。

5）几何尺寸和配筋按具体结构设计和本图构造确定。

要点 12：双柱普通独立深基础短柱配筋构造

双柱普通独立深基础短柱配筋构造如图 1 – 30 所示。

从图中可以读到以下内容：

1）双柱普通独立深基础底板的截面形式可为阶行截面 BJ_J 或坡形截面 BJ_P。当为坡形截面且坡度较大时，应在坡面上安装顶部模板，以确保混凝土能够浇筑成型、振捣密实。

2）短柱角部纵筋和部分中间纵筋插至基底纵筋间距≤1m 支在底板钢筋网上，其余中间的纵筋不插至基底，仅锚入基础 l_a。

3）端柱箍筋在基础顶面以上 50mm 处开始布置；短柱在基础内部的箍筋在基础顶面以下 100mm 处开始布置。

4）如图中"1 - 1"断面图所示，拉筋在短柱范围内设置，其规格、间距同短柱箍筋，两向相对于短柱纵筋隔一拉一。

5）几何尺寸和配筋按具体结构设计和本图构造确定。

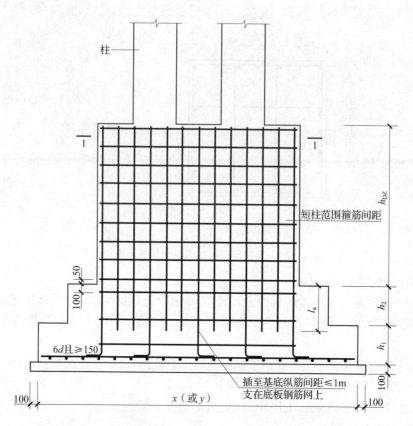

柱

短柱范围箍筋间距

h_{DZ}

l_a

h_2

6d且≥150

h_1

插至基底纵筋间距≤1m
支在底板钢筋网上

100

100

x（或y）

100

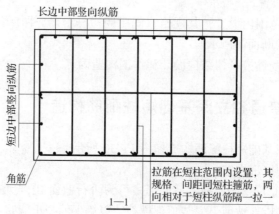

长边中部竖向纵筋

短边中部竖向纵筋

角筋

拉筋在短柱范围内设置，其
规格、间距同短柱箍筋，两
向相对于短柱纵筋隔一拉一

1—1

图1-30 双柱普通独立深基础短柱配筋构造

第2章 条形基础平法识图

要点1：条形基础平法施工图集中标注

基础梁的集中标注内容包括基础梁编号、截面尺寸、配筋三项必注内容，以及基础梁底面标高（与基础底面基准标高不同时）和必要的文字注解两项选注内容。

1. 基础梁编号

条形基础梁及底板编号，见表2-1。

表2-1 条形基础梁及底板编号

类 型		代 号	序 号	跨数及有无外伸
条形基础梁		JL	××	（××）端部无外伸 （××A）一端有外伸 （××B）两端有外伸
条形基础底板	阶形	TJB_P	××	
	坡形	TJB_J	××	

注：条形基础通常采用坡形截面或单阶形截面。

2. 截面尺寸

基础梁截面尺寸注写方式为"$b \times h$"，表示梁截面宽度与高度。当为加腋梁时，注写方式为"$b \times h \quad Y_{c_1 \times c_2}$"，其中$c_1$为腋长，$c_2$为腋高。

3. 配筋

（1）基础梁箍筋

1）当具体设计仅采用一种箍筋间距时，注写钢筋级别、直径、间距与肢数（箍筋肢数写在括号内，下同）。

2）当具体设计采用两种箍筋时，用"/"分隔不同箍筋，按照从基础梁两端向跨中的顺序注写。先注写第1段箍筋（在前面加注箍筋道数），在斜线后再注写第2段箍筋（不再加注箍筋道数）。

【例2-1】 9φ16@100/φ@200 （6），表示配置两种HRB400级箍筋，直径φ16，从梁两端起向跨内按间距100mm设置9道，梁其余部位的间距为200mm，均为6肢箍。

（2）注写基础梁底部、顶部及侧面纵向钢筋

1）以B打头，注写梁底部贯通纵筋（不应少于梁底部受力钢筋总截面面积的1/3）。当跨中所注根数少于箍筋肢数时，需要在跨中增设梁底部架立筋以固定箍筋，采用"+"将贯通纵筋与架立筋相连，架立筋注写在加号后面的括号内。

2）以T打头，注写梁顶部贯通纵筋。注写时用分号"；"将底部与顶部贯通纵筋分

隔开,如有个别跨与其不同者按原位注写的规定处理。

3)当梁底部或顶部贯通纵筋多于一排时,用"/"将各排纵筋自上而下分开。

【例2-2】 B:4Φ25;T:12Φ25 7/5,表示梁底部配置贯通纵筋为4Φ25;梁顶部配置贯通纵筋上一排为7Φ25,下一排为5Φ25,共12Φ25。

注:1. 基础梁的底部贯通纵筋,可在跨中1/3净跨长度范围内采用搭接连接、机械连接或焊接。

2. 基础梁的顶部贯通纵筋,可在距柱根1/4净跨长度范围内采用搭接连接,或在柱根附近采用机械连接或焊接,且应严格控制接头百分率。

4)以大写字母G打头注写梁两侧面对称设置的纵向构造钢筋的总配筋值(当梁腹板净高 h_w 不小于450mm时,根据需要配置)。

4. 注写基础梁底面标高(选注内容)

当条形基础的底面标高与基础底面基准标高不同时,将条形基础底面标高注写在"( )"内。

5. 必要的文字注解(选注内容)

当基础梁的设计有特殊要求时,宜增加必要的文字注解。

要点2:条形基础平法施工图原位标注

基础梁JL的原位标注注写方式如下:

1)原位标注基础梁端或梁在柱下区域的底部全部纵筋(包括底部非贯通纵筋和已集中注写的底部贯通纵筋):

①当梁端或梁在柱下区域的底部纵筋多于一排时,用"/"将各排纵筋自上而下分开。

②当同排纵筋有两种直径时,用"+"将两种直径的纵筋相连。

③当梁中间支座或梁在柱下区域两边的底部纵筋配置不同时,需在支座两边分别标注;当梁中间支座两边的底部纵筋相同时,可仅在支座的一边标注。

④当梁端(柱下)区域的底部全部纵筋与集中注写过的底部贯通纵筋相同时,可不再重复做原位标注。

2)原位注写基础梁的附加箍筋或(反扣)吊筋。当两向基础梁十字交叉,但交叉位置无柱时,应根据抗力需要设置附加箍筋或(反扣)吊筋。

将附加箍筋或(反扣)吊筋直接画在平面图十字交叉梁中刚度较大的条形基础主梁上,原位直接引注总配筋值(附加箍筋的肢数注在括号内)。当多数附加箍筋或(反扣)吊筋相同时,可在条形基础平法施工图上统一注明。少数与统一注明值不同时,再原位直接引注。

3)原位注写基础梁外伸部位的变截面高度尺寸。当基础梁外伸部位采用变截面高度时,在该部位原位注写 $b \times h_1/h_2$,h_1 为根部截面高度,h_2 为尽端截面高度。

4)原位注写修正内容。当在基础梁上集中标注的某项内容(如截面尺寸、箍筋、底部与顶部贯通纵筋或架立筋、梁侧面纵向构造钢筋、梁底面标高等)不适用于某跨或某外伸部位时,将其修正内容原位标注在该跨或该外伸部位,施工时原位标注取值优先。

当在多跨基础梁的集中标注中已注明加腋,而该梁某跨根部不需要加腋时,则应在该跨原位标注无 $Y_{c_1 \times c_2}$ 的 $b \times h_1$ 以修正集中标注中的加腋要求。

要点3：条形基础平法施工图截面注写方式

条形基础梁的截面注写方式，可分为截面标注和列表标注（结合截面示意图）两种表达方式。

1. 截面标注

采用截面注写方式，应在基础平面布置图上对所有条形基础进行编号，见表2-1。

对条形基础进行截面标注的内容和形式，与传统"单构件正投影表示方法"基本相同。对于已在基础平面布置图上原位标注清楚的该条形基础梁和条形基础底板的水平尺寸，可不在截面图上重复表达。

2. 列表标注

对多个条形基础可采用列表注写（结合截面示意图）的方式进行集中表达。表中内容为条形基础截面的几何数据和配筋，截面示意图上应标注与表中栏目相对应的代号。

基础梁几何尺寸和配筋列表格式见表2-2。

表2-2 基础梁几何尺寸和配筋表

基础梁编号/截面号	截面几何尺寸		配 筋	
	$b \times h$	加腋 $c_1 \times c_2$	底部贯通纵筋 + 非贯通纵筋，顶部贯通纵筋	第一种箍筋/第二种箍筋

续表 2 – 2

| 基础梁编号/截面号 | 截面几何尺寸 | | 配　　筋 | |
	$b \times h$	加腋 $c_1 \times c_2$	底部贯通纵筋 + 非贯通纵筋，顶部贯通纵筋	第一种箍筋/第二种箍筋

注：表中可根据实际情况增加栏目，如增加基础梁地面标高等。

表 2 – 2 中，各项栏目的含义如下：

1）编号：注写 JL × ×（× ×）、JL × ×（× ×A）或 JL × ×（× ×B）。

2）几何尺寸：梁截面宽度与高度 $b \times h$。当为加腋梁时，注写 $b \times h \, Y_{c_1 \times c_2}$。

3）配筋：注写基础梁底部贯通纵筋 + 非贯通纵筋，顶部贯通纵筋，箍筋。当设计为两种箍筋时，箍筋注写为 "第一种箍筋/第二种箍筋"，第一种箍筋为梁端部箍筋，注写内容包括箍筋的箍数、钢筋级别、直径、间距与肢数。

要点 4：基础梁 JL 纵向钢筋与箍筋构造

基础梁 JL 纵向钢筋与箍筋构造如图 2 – 1 所示。

从图中可以读到以下内容：

1）梁上部设置通长纵筋，如需接头，其位置在柱两侧 $l_n/4$ 范围内。

2）梁下部纵筋有贯通筋和非贯通筋。贯通筋的接头位置在跨中 $l_n/3$ 范围内；当相邻两跨贯通纵筋配置不同时，应将配置较大一跨的底部贯通纵筋越过其标注的跨数终点或起点，伸至配置较小的毗邻跨的跨中连接区连接。

3）基础梁相交处位于同一层面的交叉钢筋，其上下位置应符合设计要求。

基础梁 JL 配置两种箍筋构造如图 2 – 2 所示。

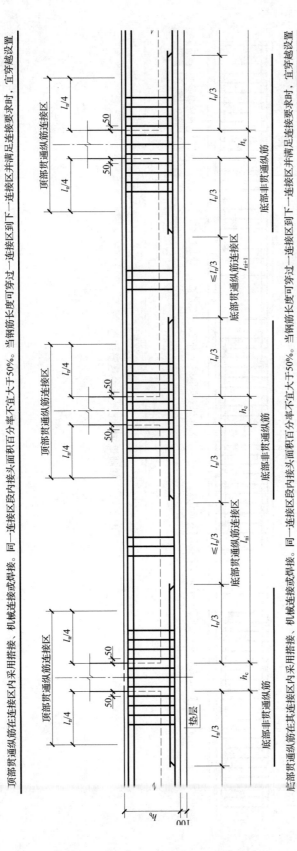

图2-1 基础梁纵向钢筋与箍筋构造

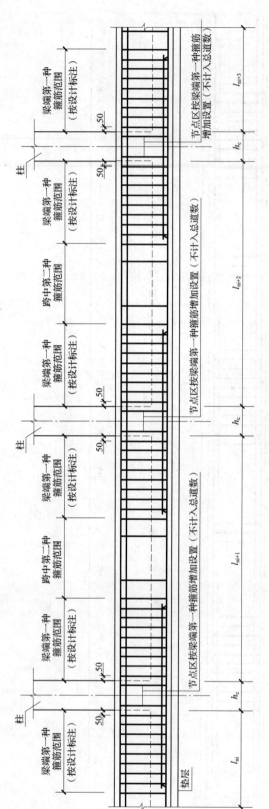

图 2 – 2　基础梁 JL 配置两种箍筋构造

基础梁的外伸部位及基础梁端部节点内，如设计未注明时，按第一种箍筋设置。

要点5：基础梁端部等截面外伸钢筋构造

基础梁端部等截面外伸钢筋构造如图2-3所示。

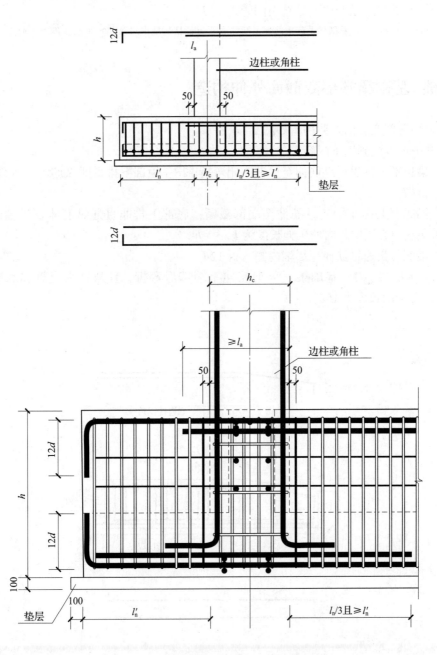

图2-3　基础梁端部等截面外伸钢筋构造

从图中可以读到以下内容：

1）梁顶部上排贯通纵筋伸至尽端内侧弯折 $12d$；顶部下排贯通纵筋不伸入外伸部位，从柱内侧起 l_a。

2）梁底部上排非贯通纵筋伸至端部截断；底部下排非贯通纵筋伸至尽端内侧弯折 $12d$，从支座中心线向跨内的延伸长度为 $l_n/3 + h_c/2$。

3）梁底部贯通纵筋伸至尽端内侧弯折 $12d$。

注：当 $l_n' + h_c \leqslant l_a$ 时，基础梁下部钢筋伸至端部后弯折，且从柱内边算起水平段长度 $\geqslant 0.4l_a$，弯折段长度为 $15d$。

要点6：基础梁端部变截面外伸构造

基础梁端部变截面外伸构造如图 2-4 所示。

从图中可以读到以下内容：

1）梁顶部上排贯通纵筋伸至尽端内侧弯折 $12d$；顶部下排贯通纵筋不伸入外伸部位，从柱内侧起 l_a。

2）梁底部上排非贯通纵筋伸至端部截断；底部下排非贯通纵筋伸至尽端内侧弯折 $12d$，从支座中心线向跨内的延伸长度为 $l_n/3 + h_c/2$。

3）梁底部贯通纵筋伸至尽端内侧弯折 $12d$。

当 $l_n' + h_c \leqslant l_a$ 时，基础梁下部钢筋伸至端部后弯折，且从柱内边算起水平段长度 $\geqslant 0.4l_a$，弯折段长度为 $15d$。

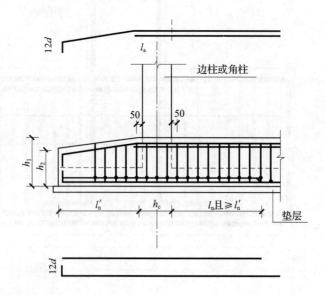

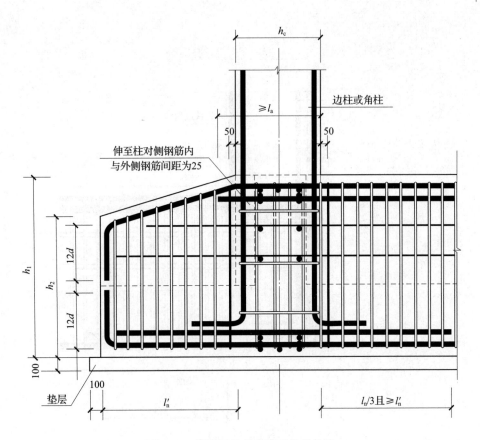

图 2-4　基础梁端部变截面外伸构造

要点 7：基础梁端部无外伸构造

基础梁端部无外伸构造如图 2-5 所示。

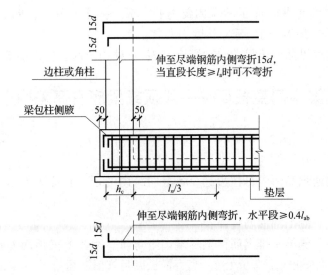

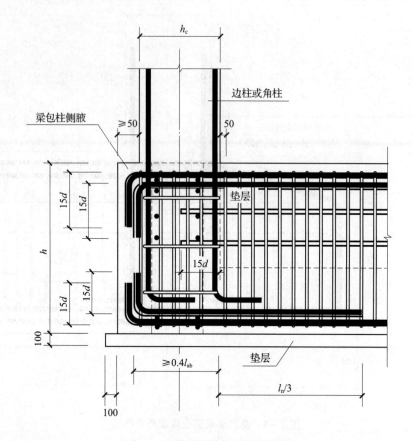

图 2 - 5　基础梁端部无外伸构造

从图中可以读到以下内容：

1）梁顶部贯通纵筋伸至尽端内侧弯折 $15d$；从柱内侧起，伸入端部且水平段 $\geqslant 0.4l_a$（顶部单排/双排钢筋构造相同）。

2）梁底部非贯通纵筋伸至尽端内侧弯折 $15d$；从柱内侧起，伸入端部且水平段 $\geqslant 0.4l_{ab}$，从支座中心线向跨内的延伸长度为 $l_n/3$。

3）梁底部贯通纵筋伸至尽端内侧弯折 $15d$；从柱内侧起，伸入端部且水平段 $\geqslant 0.4l_{ab}$。

要点 8：基础梁中间变截面——梁顶或梁底有高差构造

梁顶有高差构造如图 2 - 6 所示。

从图中可以读到以下内容：

1）底部非贯通纵筋两向自柱边起，各自向跨内的延伸长度为 $l_n/3$，其中 l_n 为相邻两跨净跨之较大者。

2）梁顶较低一侧上部钢筋直锚。

3）梁顶较高一侧第一排钢筋伸至尽端向下弯折，距较低梁顶面 l_a 截断；顶部第二排钢筋伸至尽端钢筋内侧向下弯折 $15d$，当直锚长度足够时，可直锚。

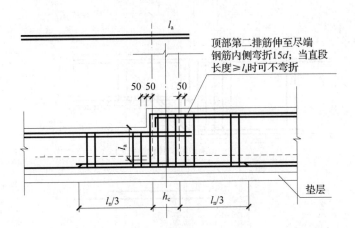

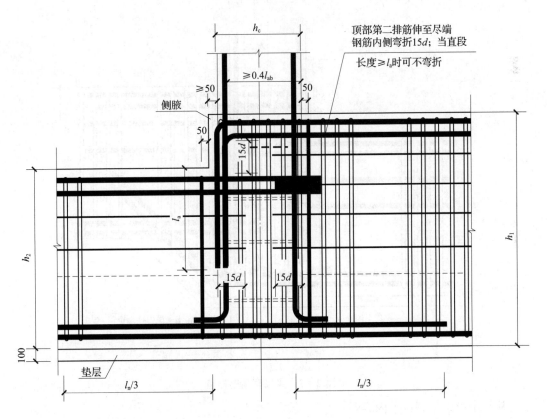

图 2-6 梁顶有高差构造

梁底有高差构造如图 2-7 所示。

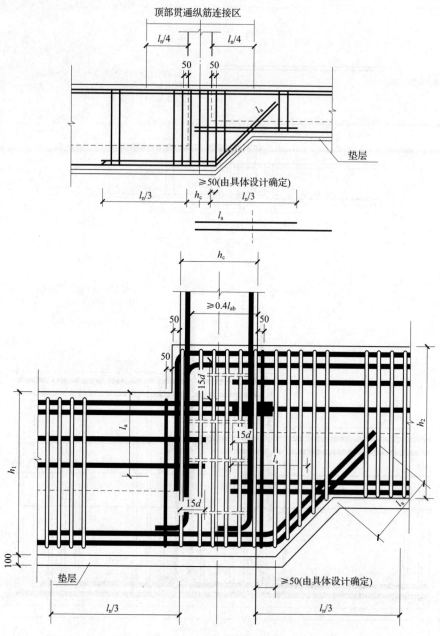

图 2-7　梁底有高差构造

从图中可以读到以下内容：

阴角部位注意避免内折角。梁底较高一侧下部钢筋直锚；梁底较低一侧钢筋伸至尽端弯折，注意直锚长度的起算位置（构件边缘阴角角点处）。

上述五种情况，钢筋构造做法与框架梁相对应的情况基本相同，值得注意的有两点：一是在梁柱交接范围内，框架梁不配置箍筋，而基础梁需要配置箍筋；二是基础梁纵筋如需接头，上部纵筋在柱两侧 $l_n/4$ 范围内，下部纵筋在梁跨中范围 $l_n/3$ 内。

要点 9：基础梁柱两边梁宽不同钢筋构造

柱两边基础梁宽度不同构造如图 2-8 所示。

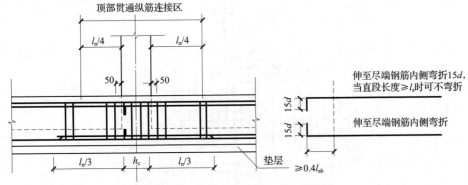

图 2-8　柱两边基础梁宽度不同构造

从图中可以读到以下内容：

1）非宽出部位，柱子两侧底部、顶部钢筋构造如图 2-8 所示。

2）宽出部位的顶部及底部钢筋伸至尽端钢筋内侧，分别向上、向下弯折 $15d$，从柱一侧边起，伸入的水平段长度不小于 $0.4l_{ab}$，当直锚长度足够时，可以直锚，不弯折；当梁截面尺寸相同，但柱两侧梁截面布筋根数不同时，一侧多出的钢筋也应照此构造做法。

要点 10：十字交接基础底板配筋构造

十字交接基础底板配筋构造如图 2-9 所示。

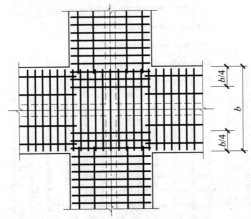

图 2-9　十字交接基础底板配筋构造

从图中可以读到以下内容：

1）十字交接时，一向受力筋贯通布置，另一向受力筋在交接处伸入 $b/4$ 范围布置。

2）配置较大的受力筋贯通布置。

3）分布筋在梁宽范围内不布置。

要点 11：丁字交接基础底板配筋构造

丁字交接基础底板配筋构造如图 2 - 10 所示。

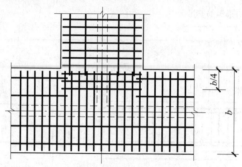

图 2 - 10　丁字交接基础底板配筋构造

从图中可以读到以下内容：

1）丁字交接时，丁字横向受力筋贯通布置，丁字竖向受力筋在交接处伸入 $b/4$ 范围布置。

2）分布筋在梁宽范围内不布置。

要点 12：转角梁板端部均有纵向延伸构造

转角梁板端部均有纵向延伸构造如图 2 - 11 所示。

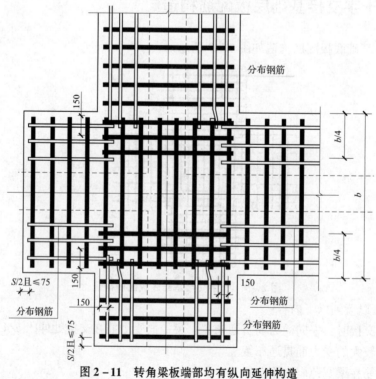

图 2 - 11　转角梁板端部均有纵向延伸构造

从图中可以读到以下内容：

1）一向受力钢筋贯通布置。

2）另一向受力钢筋在交接处伸出 b/4 范围内布置。

3）网状部位受力筋与另一向分布筋搭接为 150mm。

4）分布筋在梁宽范围内不布置。

要点 13：转角梁板端部无纵向延伸构造

转角梁板端部无纵向延伸构造如图 2－12 所示。

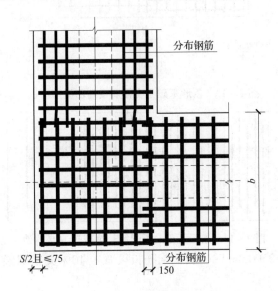

图 2－12　转角梁板端部无纵向延伸构造

从图中可以读到以下内容：

1）条形基础底板钢筋起步距离可取 S/2（S 为钢筋间距）。

2）有两向受力钢筋交接处的网状部位，分布钢筋与同向受力钢筋的构造搭接长度为 150mm。

要点 14：条形基础无交接底板端部构造

条形基础端部无交接底板，另一向为基础连梁（没有基础底板），配筋构造如图 2－13 所示。

端部无交接底板，受力筋在端部 b 范围内相互交叉，分布筋与受力筋搭接 150mm。

要点 15：条形基础底板配筋长度减短 10％

条形基础底板配筋长度减短 10％ 构造如图 2－14 所示。

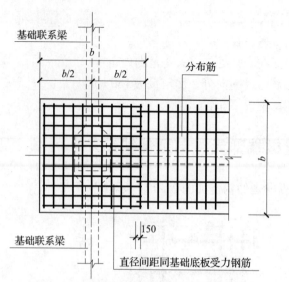

图 2-13　条形基础无交接底板端部配筋构造

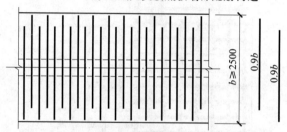

图 2-14　条形基础底板配筋长度减短 10% 构造

当条形基础底板≥2500mm 时，底板配筋长度减短 10% 交错配置，端部第一根钢筋不应减短。

要点 16：基础梁与柱结合部侧腋构造

基础梁与柱结合部侧腋构造如图 2-15 所示。

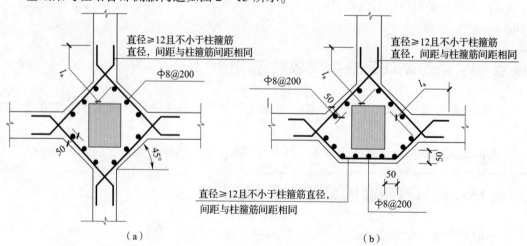

（a）　　　　　　　　　　　　　　（b）

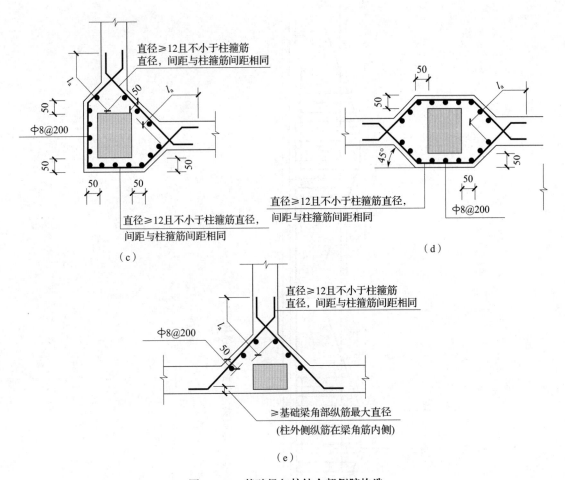

图2－15 基础梁与柱结合部侧腋构造

（a）十字交叉基础梁与柱结合部侧腋构造；（b）丁字交叉基础梁与柱结合部侧腋构造；

（c）无外伸基础梁与柱结合部侧腋构造；（d）基础梁中心穿柱侧腋构造；

（e）基础梁偏心穿柱与柱结合部侧腋构造

基础梁与柱结合部侧加腋筋，由加腋筋及其分布筋组成，均不需要在施工图上标注，按图集上构造规定即可；加腋筋规格≥φ12且不小于柱箍筋直径，间距同柱箍筋间距；加腋筋长度为侧腋边长加两端l_a；分布筋规格为8φ200。

要点17：条形基础梁竖向加腋构造

基础梁竖向加腋钢筋构造，如图2－16所示。

从图中可以读到以下内容：

1）基础梁竖向加腋筋规格，如果施工图未注明，则同基础梁顶部纵筋；如果施工图有标注，则按其标注规格；

2）基础梁竖向加腋筋，长度为锚入基础梁内l_a，根数为基础梁顶部第一排纵筋根数减1。

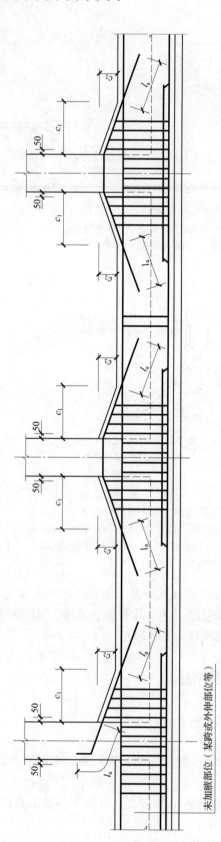

图 2 – 16　基础梁竖向加腋钢筋构造

第3章 筏形基础平法识图

要点1：梁板式筏形基础平板的平面注写方式

梁板式筏形基础平板 LPB 的平面注写内容包括：板底部与顶部贯通纵筋的集中标注与板底附加非贯通纵筋的原位标注。当仅设置贯通纵筋而未设置附加非贯通纵筋时，则仅做集中标注。

1. 板底部与顶部贯通纵筋的集中标注

梁板式筏形基础平板 LPB 的集中标注，应在所表达的板区双向均为第一跨（X 与 Y 双向首跨）的板上引出（图面从左至右为 X 向，从下至上为 Y 向）。

板区划分条件：板厚相同、基础平板底部与顶部贯通纵筋配置相同的区域为同一板区。

集中标注的内容包括：

（1）编号

梁板式筏形基础平板编号由"代号+序号"组成，见表3-1。

表3-1 梁板式筏形基础平板编号

构件类型	代　号	序　号	跨数及是否有外伸
基础平板	LPB	××	（××）或（××A）或（××B）

注：梁板式筏形基础平板跨数及是否有外伸分别在 X、Y 两向的贯通纵筋之后表达。

（2）截面尺寸

基础平板的截面尺寸是指基础平板的厚度，表达方式为"$h = \times\times\times$"。

（3）底部与顶部贯通纵筋及其总长度

底部与顶部贯通纵筋的表达：先注写 X 向底部（B 打头）贯通纵筋与顶部（T 打头）贯通纵筋及纵向长度范围；再注写 Y 向底部（B 打头）贯通纵筋与顶部（T 打头）贯通纵筋及纵向长度范围。

贯通纵筋的总长度注写在括号中，注写"跨数及有无外伸"，其表达形式为：（××）（无外伸）、（××A）（一端有外伸）或（××B）（两端有外伸）。

注：基础平板的跨数以构成柱网的主轴线为准；两主轴线之间无论有几道辅助轴线（例如框筒结构中混凝土内筒中的多道墙体），均可按一跨考虑。

【例3-1】　X：B𝜱22@150；T𝜱20@150；（5B）

Y：B𝜱20@200；T𝜱18@200；（7A）

表示基础平板 X 向底部配置𝜱22 间距 150mm 的贯通纵筋，顶部配置𝜱20 间距 150mm 的贯通纵筋，纵向总长度为 5 跨两端有外伸；Y 向底部配置𝜱20 间距 200mm 的贯通纵筋，顶部配置Φ18 间距200mm 的贯通纵筋，纵向总长度为7 跨一端有外伸。

2. 板底附加非贯通纵筋的原位标注

梁板式筏形基础平板的原位标注表达的是横跨基础梁下（板支座）的底部附加非贯通纵筋。

1）原位注写位置及内容。板底部原位标注的附加非贯通纵筋，应在配置相同的第一跨表达（当在基础梁悬挑部位单独配置时则在原位表达）。在配置相同跨的第一跨（或基础梁外伸部位），垂直于基础梁，绘制一段中粗虚线（当该筋通长设置在外伸部位或短跨板下部时，应画全对边或贯通短跨），在虚线上注写编号（如①、②等）、配筋值、横向布置的跨数及是否布置到外伸部位。

板底部附加非贯通纵筋向两边跨内的伸出长度值注写在线段的下方位置。当该筋向两侧对称伸出时，可仅在一侧标注，另一侧不注；当布置在边梁下时，向基础平板外伸部位一侧的伸出长度与方式按标准构造，设计不注。底部附加非贯通筋相同者，可仅注写一处，其他只注写编号。

横向连续布置的跨数及是否布置到外伸部位，不受集中标注贯通纵筋的板区限制。

2）注写修正内容。当集中标注的某些内容不适用于梁板式筏形基础平板某板区的某一板跨时，应由设计者在该板跨内以文字注明。

3）当若干基础梁下基础平板的底部附加非贯通纵筋配置相同时（其底部、顶部的贯通纵筋可以不同），可仅在一根基础梁下做原位注写，并在其他梁上注明"该梁下基础平板底部附加非贯通纵筋同××基础梁"。

3. 梁板式筏形基础平板的平法识图

梁板式筏形基础平板的标注示意图见图3-1。

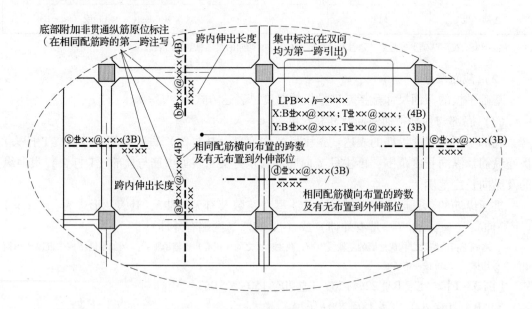

图3-1 梁板式筏形基础平板的标注示意图

要点2：平板式筏形基础构件的类型及编号

平板式筏形基础由柱下板带、跨中板带构成，设计不区分板带时，可按基础平板进行表达。其编号规定见表3－2。

表3－2 柱下板带、跨中板带编号

构件类型	代　号	序　号	跨数及有无外伸
柱下板带	ZXB	××	（××）或（××A）或（××B）
跨中板带	KZB	××	（××）或（××A）或（××B）
平板式筏形基础平板	BPB	××	—

注：1.（××A）为一端有外伸，（××B）为两端有外伸，外伸不计入跨数。

2. 平板式筏形基础平板，其跨数及是否有外伸分别在 X、Y 两向的贯通纵筋之后表达。图面从左至右为 X 向，从下至上为 Y 向。

要点3：柱下板带与跨中板带的平面注写方式

平板式筏形基础由柱下板带和跨中板带构成，其平面注写方式由板带底部与顶部贯通纵筋的集中标注和板带底部附加非贯通纵筋的原位标注两部分内容组成。

1. 集中标注

柱下板带与跨中板带的集中标注，主要内容是注写板带底部与顶部贯通纵筋的，应在第一跨（X 向为左端跨，Y 向为下端跨）引出，具体内容包括：

（1）编号

柱下板带、跨中板带编号（板带代号＋序号＋跨数及有无悬挑），见表3－2。

（2）截面尺寸

柱下板带、跨中板带的截面尺寸用 b 表示。注写"$b=××××$"，表示板带宽度（在图注中注明基础平板厚度），随之确定的是跨中板带宽度（即相邻两平行柱下板带间的距离）。当柱下板带中心线偏离柱中心线时，应在平面图上标注其定位尺寸。

（3）底部与顶部贯通纵筋

注写底部贯通纵筋（B 打头）与顶部贯通纵筋（T 打头）的规格与间距，用分号";"将其分隔开。柱下板带的柱下区域，通常在其底部贯通纵筋的间隔内插空设有（原位注写的）底部附加非贯通纵筋。

2. 原位标注

柱下板带与跨中板带的原位标注的主要内容是注写底部附加非贯通纵筋。具体内容包括：

（1）注写内容

以一段与板带同向的中粗虚线代表附加非贯通纵筋；柱下板带：贯穿其柱下区域绘制；跨中板带：横贯柱中线绘制。在虚线上注写底部附加非贯通纵筋的编号（如①、②等）、钢筋级别、直径、间距，以及自柱中线分别向两侧跨内的伸出长度值。当向两侧对称伸出时，长度值可仅在一侧标注，另一侧不注。

外伸部位的伸出长度与方式按标准构造，设计不注。对同一板带中底部附加非贯通筋相同者，可仅在一根钢筋上注写，其他可仅在中粗虚线上注写编号。

原位注写的底部附加非贯通纵筋与集中标注的底部贯通纵筋，宜采用"隔一布一"的方式布置，即柱下板带或跨中板带底部附加纵筋与贯通纵筋交错插空布置，其标注间距与底部贯通纵筋相同（两者实际组合后的间距为各自标注间距的1/2）。

【例3-2】 柱下区域注写底部附加非贯通纵筋③⊕22@300，集中标注的底部贯通纵筋也为 B⊕22@300，表示在柱下区域实际设置的底部纵筋为⊕22@150。其他部位与③号筋相同的附加非贯通纵筋仅注编号③。

当跨中板带在轴线区域不设置底部附加非贯通纵筋时，则不做原位注写。

（2）修正内容

当在柱下板带、跨中板带上集中标注的某些内容（如截面尺寸、底部与顶部贯通纵筋等）不适用于某跨或某外伸部分时，则将修正的数值原位标注在该跨或该外伸部位，施工时原位标注取值优先。

注：对于支座两边不同配筋值的（经注写修正的）底部贯通纵筋，应按较小一边的配筋值选配相同直径的纵筋贯穿支座，较大一边的配筋差值选配适当直径的钢筋锚入支座，避免造成两边大部分钢筋直径不相同的不合理配置结果。

3. 柱下板带与跨中板带平法识图

柱下板带与跨中板带平法标注示意图，见图3-2。

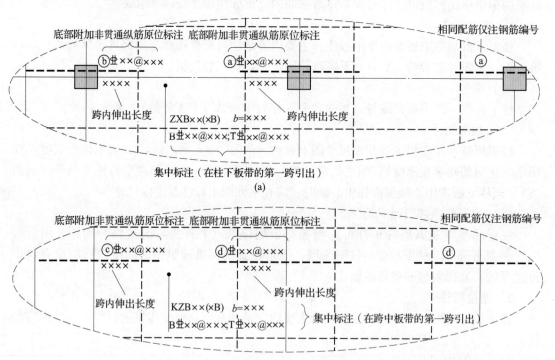

图3-2 柱下板带与跨中板带平法标注示意图

（a）柱下板带；（b）跨中板带

要点4：平板式筏形基础平板的平面注写方式

平板式筏形基础平板的平面注写，分板底部与顶部贯通纵筋的集中标注与板底部附加非贯通纵筋的两部分内容。当仅设置底部与顶部贯通纵筋而未设置底部附加非贯通纵筋时，则仅做集中标注。

1. 集中标注

平板式筏形基础平板的集中标注的主要内容为注写板底部与顶部贯通纵筋。

当某向底部贯通纵筋或顶部贯通纵筋的配置，在跨内有两种不同间距时，先注写跨内两端的第一种间距，并在前面加注纵筋根数（以表示其分布的范围），再注写跨中部的第二种间距（不需加注根数）；两者用"/"分隔。

【例3-3】　X：B12 Φ22@150/200；T10 Φ20@150/200 表示基础平板 X 向底部配置 Φ22 的贯通纵筋，跨两端间距为150mm配12根，跨中间距为200mm；X 向顶部配置 Φ20 的贯通纵筋，跨两端间距为150mm配10根，跨中间距为200mm（纵向总长度略）。

2. 原位标注

平板式筏形基础平板的原位标注，主要表达横跨柱中心线下的底部附加非贯通纵筋。内容包括：

1）原位注写位置及内容。在配置相同的若干跨的第一跨下，垂直于柱中线绘制一段中粗虚线代表底部附加非贯通纵筋，在虚线上注写编号（如①、②等）、配筋值、横向布置的跨数及是否布置到外伸部位。

当柱中心线下的底部附加非贯通纵筋（与柱中心线正交）沿柱中心线连续若干跨配置相同时，则在该连续跨的第一跨下原位注写，且将同规格配筋连续布置的跨数注在括号内；当有些跨配置不同时，则应分别原位注写。外伸部位的底部附加非贯通纵筋应单独注写（当与跨内某筋相同时仅注写钢筋编号）。

当底部附加非贯通纵筋横向布置在跨内有两种不同间距的底部贯通纵筋区域时，其间距应分别对应为两种，其注写形式应与贯通纵筋保持一致，即先注写跨内两端的第一种间距，并在前面加注纵筋根数，再注写跨中部的第二种间距（不需加注根数）；两者用"/"分隔。

2）当某些柱中心线下的基础平板底部附加非贯通纵筋横向配置相同时（其底部、顶部的贯通纵筋可以不同），可仅在一条中心线下做原位注写，并在其他柱中心线上注明"该柱中心线下基础平板底部附加非贯通纵筋同××柱中心线"。

3. 平板式筏形基础平板标注识图

平板式筏型基础平板标注示意图，如图3-3所示。

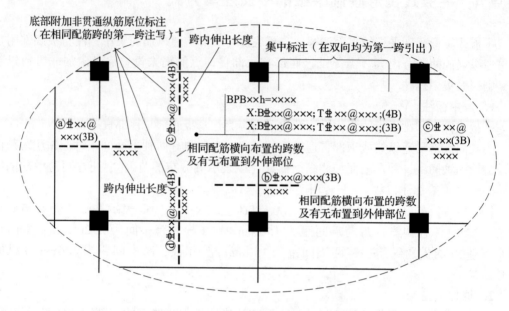

图 3 – 3　平板式筏形基础平板标注示意图

要点 5：基础次梁 JCL 纵向钢筋与箍筋构造

基础次梁纵向钢筋与箍筋构造如图 3 – 4 所示。

从图中可以读到以下内容：

1）同跨箍筋有两种时，其设置范围按具体设计注写值。

2）基础梁外伸部位按梁端第一种箍筋设置或出具体设计注明。

3）基础主梁与次梁交接处基础主梁箍筋贯通，次梁箍筋距主梁边 50mm 开始布置。

4）基础次梁 JCL 上部贯通纵筋连接区长度在主梁 JL 两侧各 $l_n/4$ 范围内；下部贯通纵筋的连接区在跨中 $l_n/3$ 范围内，非贯通纵筋的截断位置在基础主梁两侧处 $l_n/3$，l_n 为左跨和右跨之较大值。

基础次梁 JL 配置两种箍筋构造如图 3 – 5 所示。

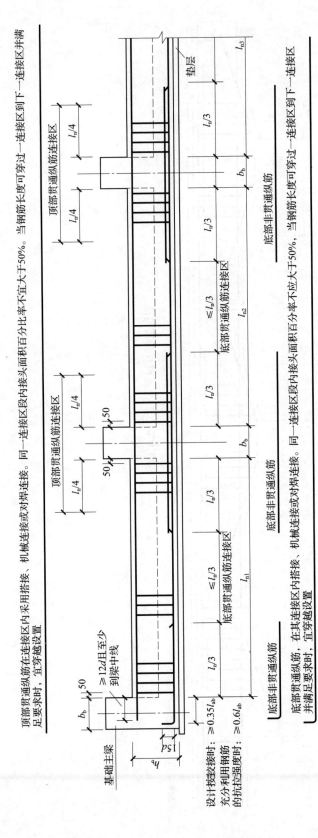

图 3 - 4　基础次梁纵向钢筋与箍筋构造

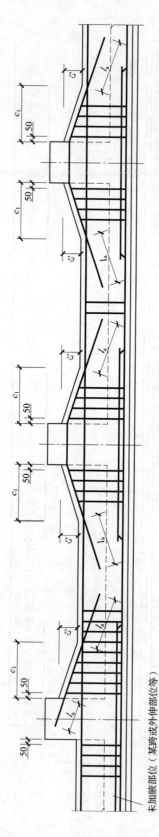

图 3 - 5 基础次梁 JCL 配置两种箍筋构造

注：l_{ni} 为基础次梁的本跨净跨值。

要点6：基础次梁端部等截面外伸构造

基础次梁端部等截面外伸钢筋构造如图3-6所示。

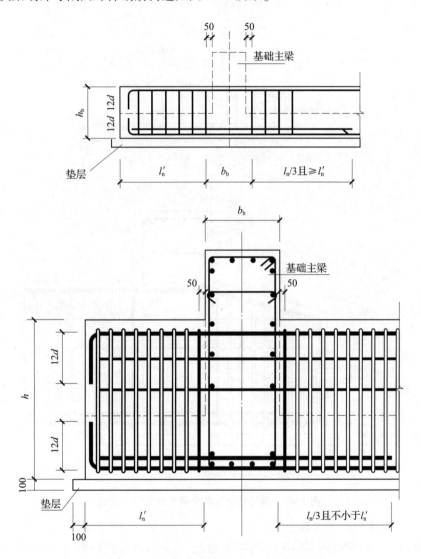

图3-6 基础次梁端部等截面外伸钢筋构造

从图中可以读到以下内容：

1）梁顶部贯通纵筋伸至尽端内侧弯折12d；梁底部贯通纵筋伸至尽端内侧弯折12d。

2）梁底部上排非贯通纵筋伸至端部截断；底部下排非贯通纵筋伸至尽端内侧弯折12d，从支座中心线向跨内的延伸长度为$l_n/3 + b_b/2$。

注：当$l_n' + b_b \leqslant l_a$时，基础次梁下部钢筋伸至端部后弯折15d；从梁内边算起水平段长度由设计指定，当设计按铰接时应$\geqslant 0.35l_{ab}$，当充分利用钢筋抗拉强度时应$\geqslant 0.6l_{ab}$。

要点7：基础次梁端部变截面外伸构造

基础次梁端部变截面外伸钢筋构造如图 3 – 7 所示。

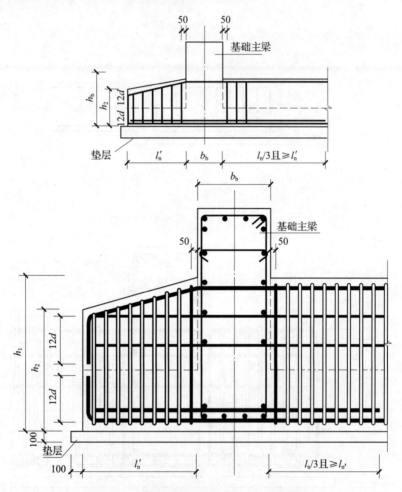

图 3 – 7 基础次梁端部变截面外伸钢筋构造

从图中可以读到以下内容：

1）梁顶部贯通纵筋伸至尽端内侧弯折 $12d$。梁底部贯通纵筋伸至尽端内侧弯折 $12d$。

2）梁底部上排非贯通纵筋伸至端部截断；梁底部下排非贯通纵筋伸至尽端内侧弯折 $12d$，从支座中心线向跨内的延伸长度为 $l_n/3 + h_c/2$。

注：当 $l_n' + b_b \leqslant l_a$ 时，基础梁下部钢筋伸至端部后弯折 $15d$；从梁内边算起水平段长度由设计指定，当设计按铰接时应 $\geqslant 0.35l_{ab}$，当充分利用钢筋抗拉强度时应 $\geqslant 0.6l_{ab}$。

要点8：基础次梁中间变截面——梁顶或梁底有高差构造

梁顶有高差构造如图 3 – 8 所示。

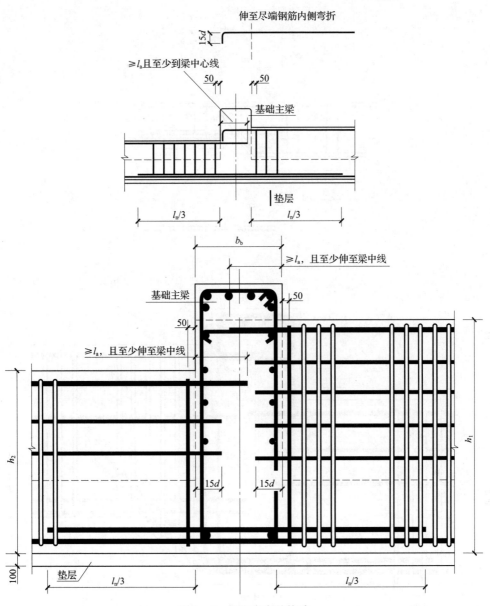

图 3-8　梁顶有高差构造

从图中可以读到以下内容：

1）底部非贯通纵筋两向自基础主梁边缘算起，各自向跨内的延伸长度为 $l_n/3$，其中 l_n 为相邻两跨净跨之较大者。

2）梁顶较低一侧上部钢筋直锚，且至少到梁中线。

3）梁顶较高一侧钢筋伸至尽端向下弯折 $15d$。

梁底有高差构造如图 3-9 所示。

从图中可以读到以卜内容：

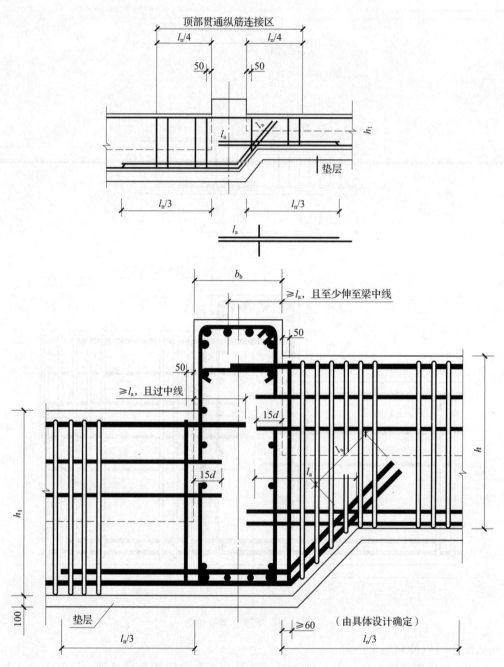

图 3 - 9　梁底有高差构造

阴角部位注意避免内折角。梁底较高一侧下部钢筋直锚；梁底较低一侧钢筋伸至尽端弯折，注意直锚长度的起算位置（构件边缘阴角角点处）。

要点 9：基础次梁支座两边梁宽不同钢筋构造

支座两边梁宽不同钢筋构造如图 3 - 10 所示。

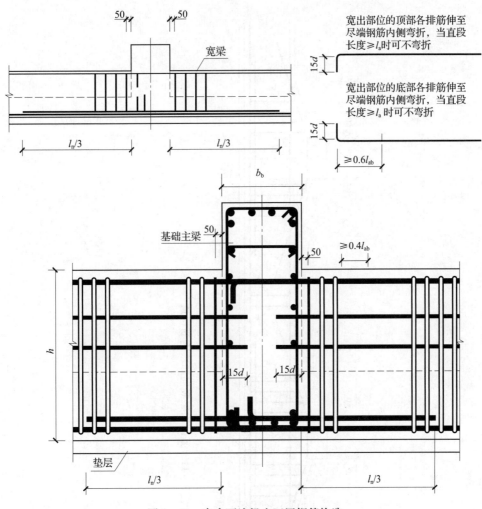

图3-10 支座两边梁宽不同钢筋构造

宽出部位的底部各排纵筋伸至尽端钢筋内侧后弯折，当直锚≥l_a时，可不设弯折。

要点10：基础次梁竖向加腋钢筋构造

基础次梁竖向加腋钢筋构造，见图3-11。

基础次梁高加腋筋，长度为锚入基础梁内 l_a；根数为基础次梁顶部第一排纵筋根数减1。

要点11：梁板式筏形基础平板钢筋构造

梁板式筏形基础平板钢筋构造，见图3-12。

从图中可以读到以下内容：

1）顶部贯通纵筋在连接区内采用搭接、机械连接或焊接。同一连接区段内接头面积百分比率不宜大于50%。当钢筋长度可穿过一连接区到下一连接区并满足要求时，宜穿越设置。

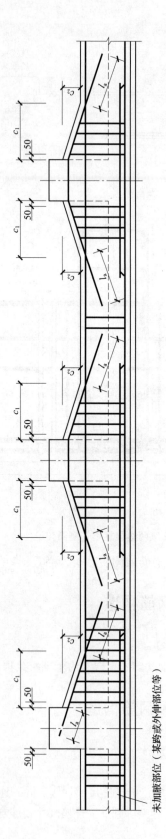

图 3-11　基础次梁竖向加腋钢筋构造

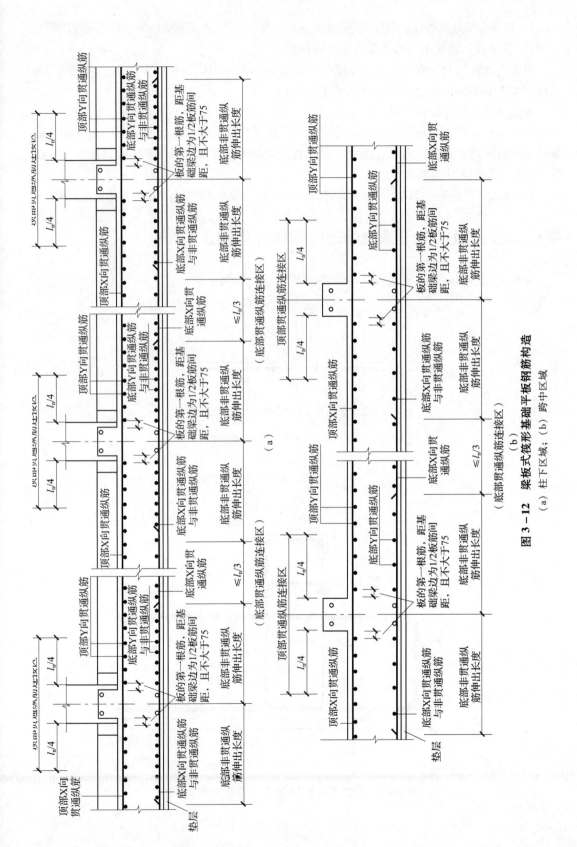

图3－12 梁板式筏形基础平板钢筋构造

(a) 柱下区域; (b) 跨中区域

2）底部非贯通纵筋自梁中心线到跨内的伸出长度≥l_n/3（l_n是基础平板 LPB 的轴线跨度）。

3）底部贯通纵筋在基础平板内按贯通布置。

底部贯通纵筋的长度 = 跨度 – 左侧伸出长度 – 右侧伸出长度≤l_n/3（"左、右侧延伸长度"即左、右侧的底部非贯通纵筋伸出长度）。

底部贯通纵筋直径不一致时：

当某跨底部贯通纵筋直径大于邻跨时，如果相邻板区板底一平，则应在两毗邻跨中配置较小一跨的跨中连接区内进行连接（即配置较大板跨的底部贯通纵筋须越过板区分界线伸至毗邻板跨的跨中连接区域）。

4）基础平板同一层面的交叉纵筋，何向纵筋在下，何向纵筋在上，应按具体设计说明。

要点 12：梁板式筏形基础端部等截面外伸构造

梁板式筏形基础端部等截面外伸构造如图 3 – 13 所示。

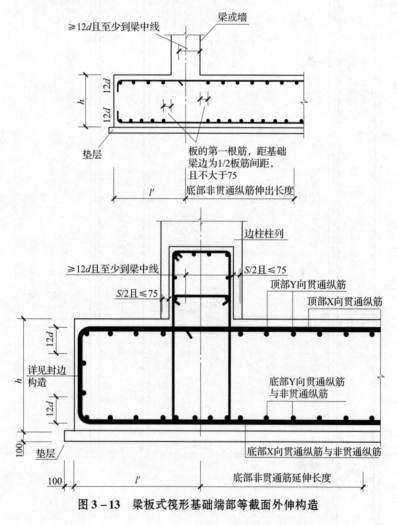

图 3 – 13　梁板式筏形基础端部等截面外伸构造

从图中可以读到以下内容：

1）底部贯通纵筋伸至外伸尽端（留保护层），向上弯折 $12d$。

2）顶部钢筋伸至外伸尽端向下弯折 $12d$。

3）无须延伸到外伸段顶部的纵筋，其伸入梁内水平段的长度不小于 $12d$，且至少到梁中线。

4）板外边缘应封边，封边构造如图 3 – 19 所示。

要点 13：梁板式筏形基础端部变截面外伸构造

梁板式筏形基础端部变截面外伸构造如图 3 – 14 所示。

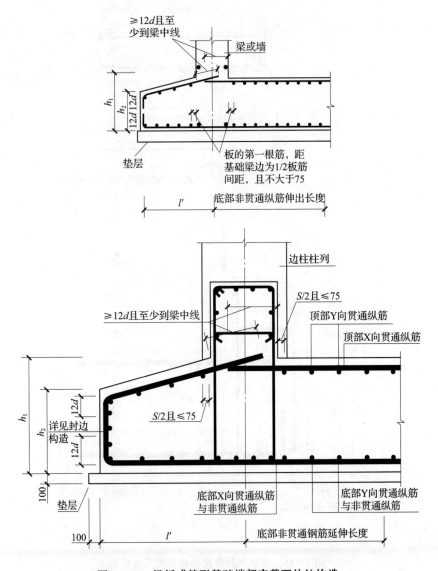

图 3 – 14 梁板式筏形基础端部变截面外伸构造

从图中可以读到以下内容：

1）底部贯通纵筋伸至外伸尽端（留保护层），向上弯折 $12d$。

2）非外伸段顶部钢筋伸入梁内水平段长度不小于 $12d$，且至少到梁中线。

3）外伸段顶部纵筋伸入梁内长度不小于 $12d$，且至少到梁中线。

4）板外边缘应封边，封边构造如图 3 – 18 所示。

要点 14：梁板式筏形基础端部无外伸构造

梁板式筏形基础端部无外伸构造如图 3 – 15 所示。

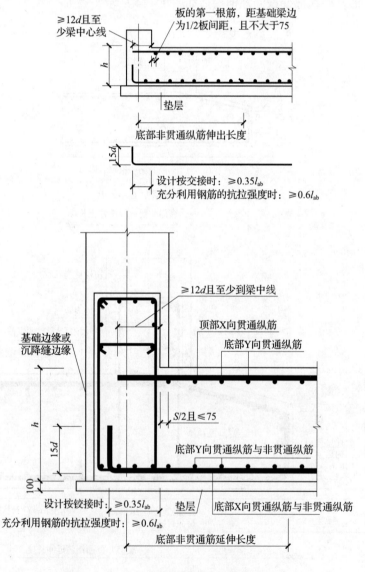

图 3 – 15 梁板式筏形基础端部无外伸构造

从图中可以读到以下内容：

1）板的第一根筋，距基础梁边为 1/2 板筋间距，且不大于 75mm。

2）底板贯通纵筋与非贯通纵筋均伸至尽端钢筋内侧，向上弯折 15d，且从基础梁内侧起，伸入梁端部且水平段长度由设计指定。底部非贯通纵筋，从基础梁内边缘向跨内的延伸长度由设计指定。

3）顶部板筋伸至基础梁内的水平段长度不小于 12d，且至少到梁中线。

要点 15：梁板式筏形基础中间变截面——板顶或板底有高差构造

板顶有高差构造如图 3-16 所示。

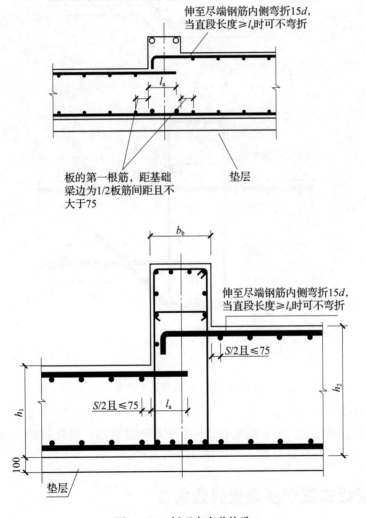

图 3-16　板顶有高差构造

从图中可以读到以下内容：

1）板顶较低一侧上部钢筋直锚。

2）板顶较高一侧钢筋伸至尽端钢筋内侧，向下弯折 15d，当直锚长度足够时，可以直锚，不弯折。

板底有高差构造如图 3 – 17 所示。

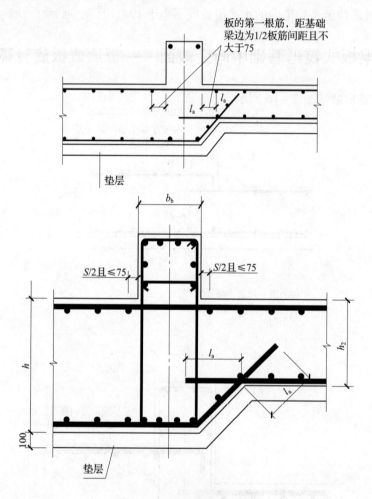

图 3 – 17　板底有高差构造

从图中可以读到以下内容：

阴角部位注意避免内折角。板底较高一侧下部钢筋直锚；板底较低一侧钢筋伸至尽端弯折，注意直锚长度的起算位置（构件边缘阴角角点处）。

要点 16：梁板式筏形基础板封边构造

在板外伸构造中，板边缘需要进行封边。封边构造有 U 形筋构造封边方式（见图 3 – 18）和纵筋弯钩交错封边方式（见图 3 – 19）两种。

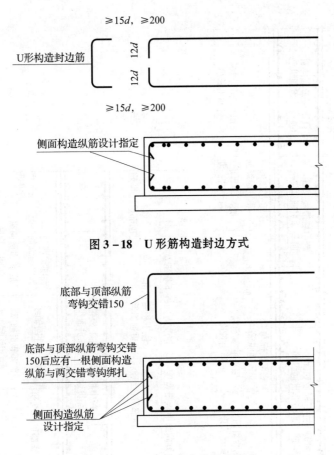

图 3-18 U形筋构造封边方式

图 3-19 纵筋弯钩交错封边方式

从图中可以读到以下内容：

1）U形封边即在板边附加U形构造封边筋，U形构造封边筋两端头水平段长度为 max（15d，200）。

2）纵筋弯钩交错封边方式中，底部与顶部纵筋弯钩交错150mm，且应有一根侧面构造纵筋与两交错弯钩绑扎。在封边构造中，注意板侧边的构造筋数量。

要点 17：平板式筏形基础钢筋标准构造

平板式筏形基础相当于倒置的无梁楼盖。理论上，平板式筏形基础有条件划分板带时，可划分为柱下板带 ZXB 和跨中板带 KZB 两种；无条件划分板带时，按平板式筏形基础平板 BPB 考虑。

柱下板带 ZXB 和跨中板带 KZB 钢筋构造如图 3-20 所示。

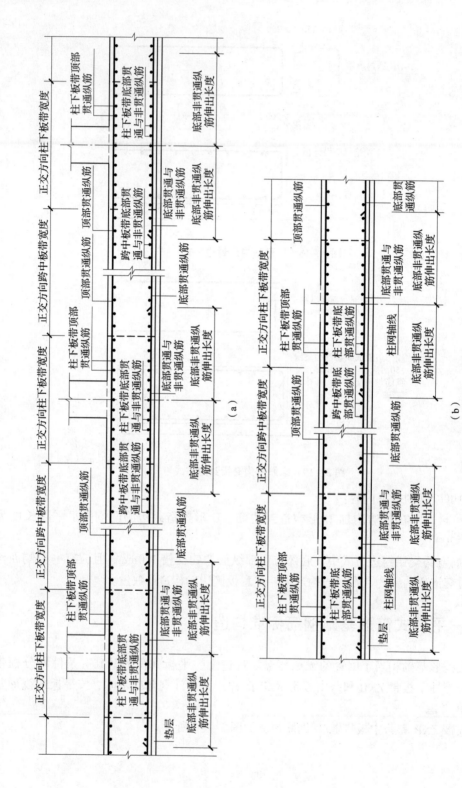

图 3-20 柱下板带 ZXB 与跨中板带 KZB 纵向钢筋构造
(a) 柱下板带 ZXB 纵向钢筋构造; (b) 跨中板带 KZB 纵向钢筋构造

从图中可以读到以下内容：

1）不同配置的底部贯通纵筋，应在两个毗邻跨中配置较小一跨的跨中连接区连接（即配置较大一跨的底部贯通纵筋，需超过其标注的跨数终点或起点，伸至毗邻跨的跨中连接区）。

2）柱下板带与跨中板带的底部贯通纵筋，可在跨中 1/3 净跨长度范围内搭接连接、机械连接或焊接；柱下板带及跨中板带的顶部贯通纵筋，可在柱网轴线附近 1/4 净跨长度范围内采用搭接连接、机械连接或焊接。

3）基础平板同一层面的交叉纵筋，何向纵筋在下，何向纵筋在上，应按具体设计说明。

要点 18：平板式筏形基础平板钢筋构造（柱下区域）

平板式筏形基础平板钢筋构造（柱下区域），见图 3-21。

从图中可以读到以下内容：

1）底部附加非贯通纵筋自梁中线到跨内的伸出长度 $\geqslant l_n/3$（l_n 为基础平板的轴线跨度）。

2）底部贯通纵筋连接区长度 = 跨度 - 左侧延伸长度 - 右侧延伸长度 $\leqslant l_n/3$（左、右侧延伸长度即左、右侧的底部非贯通纵筋延伸长度）。

当底部贯通纵筋直径不一致时：

当某跨底部贯通纵筋直径大于邻跨时，如果相邻板区板底一平，则应在两毗邻跨中配置较小一跨的跨中连接区内进行连接。

3）顶部贯通纵筋按全长贯通设置，连接区的长度为正交方向的柱下板带宽度。

4）跨中部位为顶部贯通纵筋的非连接区。

要点 19：平板式筏形基础平板钢筋构造（跨中区域）

平板式筏形基础平板钢筋构造（跨中区域），见图 3-22。

从图中可以读到以下内容：

1）顶部贯通纵筋按全长贯通设置，连接区的长度为正交方向的柱下板带宽度。

2）跨中部位为顶部贯通纵筋的非连接区。

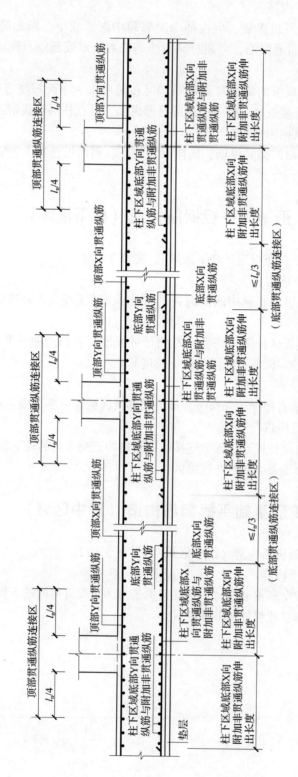

图 3-21 平板式筏形基础平板钢筋构造（柱下区域）

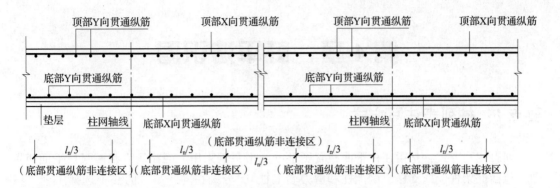

图 3－22　平板式筏形基础平板钢筋构造（跨中区域）

第4章 柱平法识图

要点1：柱列表注写方式

列表注写方式，是指在柱平面布置图上（一般只需采用适当比例绘制一张柱平面布置图，包括框架柱、框支柱、梁上柱和剪力墙上柱），分别在同一编号的柱中选择一个（有时需要选择几个）截面标注几何参数代号；在柱表中注写柱编号、柱段起止标高、几何尺寸（含柱截面对轴线的偏心情况）与配筋的具体数值，并配以各种柱截面形状及其箍筋类型图的方式，来表达柱平法施工图。

柱表的内容规定如下：

1）注写柱编号。柱编号由类型代号和序号组成，应符合表4-1的规定。

表4-1 柱编号

柱 类 型	代 号	序 号
框架柱	KZ	××
框支柱	KZZ	××
芯柱	XZ	××
梁上柱	LZ	××
剪力墙上柱	QZ	××

注：编号时，当柱的总高、分段截面尺寸和配筋均应对应相同，仅截面与轴线的关系不同时，仍可将其编为同一柱号，但应在图中注明截面轴线的关系。

2）注写柱段起止标高，自柱根部往上以变截面位置或截面未变但配筋改变处为界分段注写。框架柱和框支柱的根部标高系指基础顶面标高；芯柱的根部标高系指根据结构实际需要而定的起始位置标高；梁上柱的根部标高系指梁顶面标高；剪力墙上柱的根部标高为墙顶面标高。

3）注写截面几何尺寸。对于矩形柱，截面尺寸用 $b \times h$ 表示，通常，$b \times h$ 及与轴线关系的几何参数代号 b_1、b_2 和 h_1、h_2 的具体数值，需对应于各段柱分别注写。其中 $b = b_1 + b_2$，$h = h_1 + h_2$。当截面的某一边收缩变化至与轴线重合或偏到轴线的另一侧时，b_1、b_2、h_1、h_2 中的某项为零或为负值。

对于圆柱，截面尺寸用 d 表示。为表达简单，圆柱截面与轴线的关系也用 b_1、b_2 和 h_1、h_2 表示，并使 $d = b_1 + b_2 = h_1 + h_2$。

对于芯柱，根据结构需要，可以在某些框架柱的一定高度范围内，在其内部的中心位置设置（分别引注其柱编号）。芯柱截面尺寸按构造确定，并按本书钢筋构造详图施工，设计不需注写；当设计者采用与本构造详图不同的做法时，应另行注明。芯柱定位随框架柱，不需要注写其与轴线的几何关系。

4）注写柱纵筋。当柱纵筋直径相同，各边根数也相同时（包括矩形柱、圆柱和芯柱），可将纵筋注写在"全部纵筋"一栏中；除此之外，柱纵筋分角筋、截面 b 边中部筋

和 h 边中部筋三项分别注写（对于采用对称配筋的矩形截面柱，可仅注写一侧中部筋，对称边省略不注）。

5）在箍筋类型栏内注写箍筋的类型号与肢数。

具体工程所设计的各种箍筋类型图以及箍筋复合的具体方式，需画在表的上部或图中的适当位置，并在其上标注与表中相对应的 b、h 和类型号。常见箍筋类型号所对应的箍筋形状见图 4 – 1。

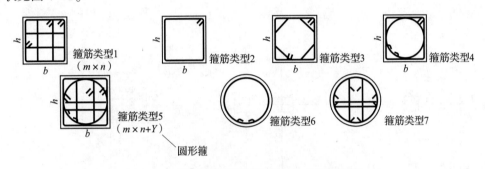

图4 – 1 常见箍筋类型号及所对应的箍筋形状

当为抗震设计时，确定箍筋肢数时要满足对柱纵筋"隔一拉一"以及箍筋肢距的要求。

6）注写柱箍筋，包括箍筋级别、直径与间距。

当为抗震设计时，用斜线"/"区分柱端箍筋加密区与柱身非加密区长度范围内箍筋的不同间距。施工人员需根据标准构造详图的规定，在规定的几种长度值中取其最大者作为加密区长度。当框架节点核芯区内箍筋与柱端箍筋设置不同时，应在括号中注明核芯区箍筋直径及间距。

当箍筋沿柱全高为一种间距时，则不使用"/"线。

当圆柱采用螺旋箍筋时，需在箍筋前加"L"。

【例4 – 1】 Φ10@100/250，表示箍筋为 HPB300 级钢筋，直径 $\phi10$，加密区间距为 100mm，非加密区间距为 250mm。

Φ10@100/250（Φ12@100），表示柱中箍筋为 HPB300 级钢筋，直径 $\phi10$，加密区间距为 100mm，非加密区间距为 250mm。框架节点核芯区箍筋为 HPB300 级钢筋，直径 $\phi12$，间距为 100mm。

Φ10@100，表示沿柱全高范围内箍筋均为 HPB300 级钢筋，直径 $\phi10$，间距为 100mm。

LΦ10@100/200，表示采用螺旋箍筋，HPB300 级钢筋，直径 $\phi10$，加密区间距为 100mm，非加密区间距为 200mm。

要点2：柱截面注写方式

柱截面注写方式，是在柱平面布置图的柱截面上，分别在同一编号的柱中选择一个截面，以直接注写截面尺寸和配筋具体数值的方式来表达柱平法施工图。

柱截面注写方式与识图，见图 4 – 2。

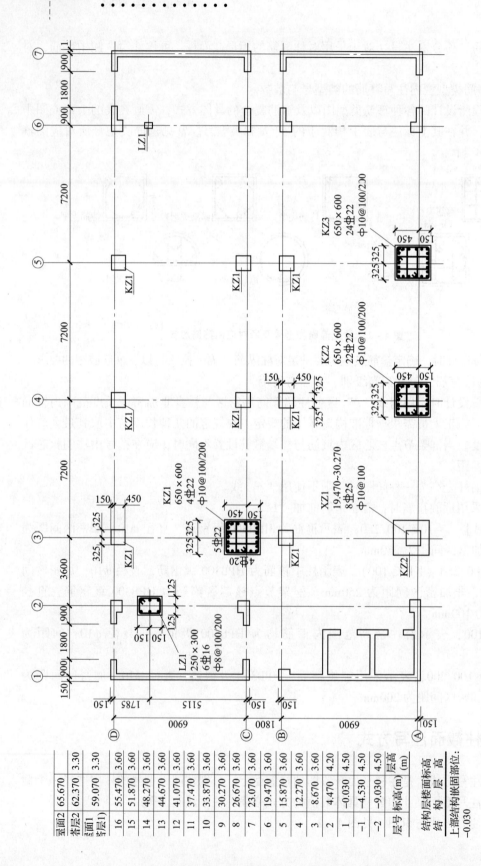

图 4-2　柱截面注写方式图示

截面注写方式中，若某柱带有芯柱，则直接在截面注写中，注写芯柱编号及起止标高。见图4-3。

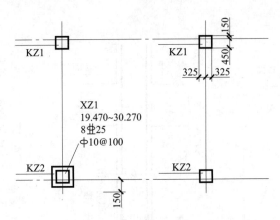

图4-3 截面注写方式的芯柱表达

对除芯柱之外的所有柱截面进行编号，从相同编号的柱中选择一个截面，按另一种比例原位放大绘制柱截面配筋图，并在各配筋图上继其编号后再注写截面尺寸 $b \times h$、角筋或全部纵筋（当纵筋采用一种直径且能够图示清楚时）、箍筋的具体数值，以及在柱截面配筋图上标注柱截面与轴线关系 b_1、b_2、h_1、h_2 的具体数值。

当纵筋采用两种直径时，需再注写截面各边中部筋的具体数值（对于采用对称配筋的矩形截面柱，可仅在一侧注写中部筋，对称边省略不注）。

当在某些框架柱的一定高度范围内，在其内部的中心位设置芯柱时，首先按照表4-1的规定进行编号，继其编号之后注写芯柱的起止标高、全部纵筋及箍筋的具体数值，芯柱截面尺寸按构造确定，并按标准构造详图施工，设计不注；当设计者采用与本构造详图不同的做法时，应另行注明。芯柱定位随框架柱，不需要注写其与轴线的几何关系。

在截面注写方式中，如柱的分段截面尺寸和配筋均相同，仅截面与轴线的关系不同时，可将其编为同一柱号。但此时应在未画配筋的柱截面上注写该柱截面与轴线关系的具体尺寸。

采用截面注写方式绘制柱平法施工图，可按单根柱标准层分别绘制，也可将多个标准层合并绘制。当单根柱标准层分别绘制时，柱平法施工图的图纸数量和柱标准层的数量相等；当将多个标准层合并绘制时，柱平法施工图的图纸数量更少，也更便于施工人员对结构形成整体概念。

要点3：抗震框架柱纵向钢筋连接构造

钢筋连接可分为绑扎搭接、机械连接和焊接连接三种情况，设计图纸中钢筋的连接方式均应予以注明。设计者应在柱平法结构施工图中注明偏心受拉柱的平面位置及所在层数。

当嵌固部位位于基础顶面时，抗震框架柱 KZ 的纵向钢筋连接构造如图 4-4 所示；而嵌固部位位于地下室顶面时，地下室部分抗震框架柱 KZ 的纵向钢筋连接构造如图 4-5 所示。

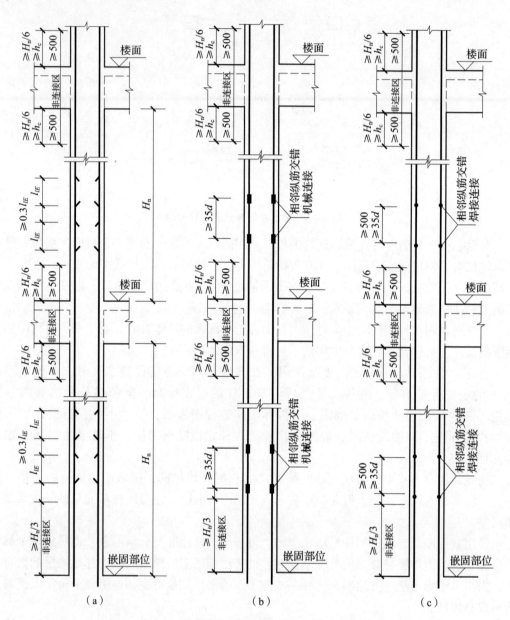

（a）　　　　　　　　　（b）　　　　　　　　　（c）

图 4-4　嵌固于基础顶面时抗震框架柱 KZ 纵向钢筋连接构造

（a）绑扎搭接；（b）机械连接；（c）焊接连接

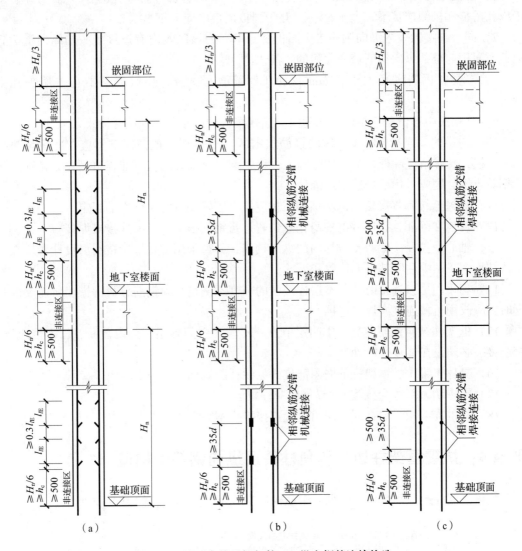

图4-5 地下室抗震框架柱 KZ 纵向钢筋连接构造

(a) 绑扎搭接；(b) 机械连接；(c) 焊接连接

从图中可以读到以下内容：

1）本图适用于上柱钢筋直径不大于下柱钢筋直径且上下柱截面相同、钢筋根数相同的情况。

2）图中钢筋连接形式有搭接、机械连接和焊接三种情况。

3）柱嵌固端非连接区为 $\geqslant H_n/3$ 单控值；其余所有柱端非连接区为 $\geqslant H_n/6$、$\geqslant h_c$、$\geqslant 500$mm "三控" 高度值，即三个条件同时满足，所以应在三个控制值中取最大者。

4）图中 h_c 为柱截面长边尺寸（圆柱为截面直径），H_n 为所在楼层的柱净高。

5）d 为相互连接两根钢筋中较小直径；当同一构件内不同连接钢筋计算连接区段长度不同时取大值。

6）上图中柱相邻纵向钢筋连接接头相互错开。同一截面内钢筋接头面积百分率：对于绑扎搭接和机械连接不宜大于 50%，对于焊接连接不应大于 50%。

7）同一连接区段内纵向钢筋接头面积百分率，为该区段内有连接接头的纵向受力钢筋截面面积与全部纵向钢筋截面面积的比值。

8）当受拉钢筋直径大于 25mm 及受压钢筋直径大于 28mm 时，不宜采用绑扎搭接。

9）凡接头中点位于连接区段长度内，连接接头均属于同一连接区段。

10）图中的非连接区（即抗震的箍筋加密区）是指在一般情况下不应在此区域进行钢筋连接，特殊情况除外。如在实际施工过程中钢筋接头无法避开非连接区，必须在此进行钢筋连接，则应采用机械连接或焊接。

11）机械连接和焊接接头的类型和质量应符合国家现行有关标准的规定。

12）可以在除非连接区外的柱身任意位置进行钢筋搭接、机械连接或焊接。

13）轴心受拉及小偏心受拉柱内的纵向钢筋，不得采用绑扎搭接接头，设计者应在柱平法结构施工图中注明其平面位置和层数。

14）当采用搭接连接时，若某层连接区的高度不满足纵向钢筋分两批搭接所需要的高度时，应改用机械连接或焊接连接。

15）框架柱纵向钢筋应贯穿中间层节点，不应在中间各层节点内截断。任何情况下，钢筋接头必须设在节点区以外。

16）具体工程中，框架柱的嵌固部位详见设计图纸标注。

17）图中阴影部分为抗震 KZ 纵筋的非连接区。

18）柱的同一根纵筋在同一层内设置连接接头不得多于一个。

要点 4：抗震框架柱边柱和角柱柱顶纵向钢筋的构造

抗震框架柱边柱和角柱柱顶纵向钢筋构造有五个节点构造，如图 4-6 所示。

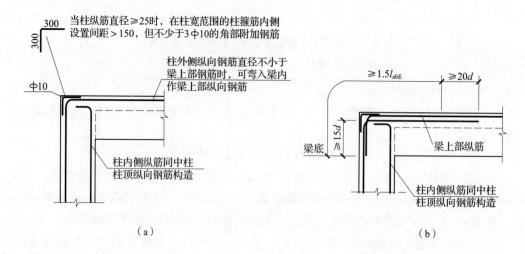

（a）　　　　　　　　　　　　　　　（b）

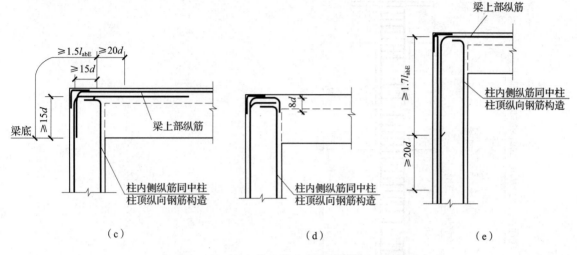

图4-6 抗震框架柱边柱和角柱柱顶纵向钢筋构造

（a）节点A；（b）节点B；（c）节点C；（d）节点D；（e）节点E

图中五个构造做法可分成三种类型：其中A是柱外侧纵筋弯入梁内作梁上部筋的构造做法；B、C类是柱外侧筋伸至梁顶部再向梁内延伸与梁上部钢筋搭接的构造做法（可简称为"柱插梁"）；而E是梁上部筋伸至柱外侧再向下延伸与柱筋搭接的构造做法（可简称为"梁插筋"）。

从图中可以读到以下内容：

1）节点A、B、C、D应相互配合使用，节点D不应单独使用（只用于未伸入梁内的柱外侧纵筋锚固），伸入梁内的柱外侧纵筋不宜少于柱外侧全部纵筋面积的65%。

2）可选择B+D或C+D或A+B+D或A+C+D的做法。

3）节点E用于梁、柱纵向钢筋接头沿节点柱顶外侧直线布置的情况，可与节点A组合使用。

4）可选择E或A+E的做法。

5）设计未注明采用哪种构造时，施工人员应根据实际情况按各种做法所要求的条件正确地选用。

要点5：抗震框架柱、剪力墙上柱、梁上柱的箍筋加密区范围

抗震框架柱KZ、剪力墙上柱QZ、梁上柱LZ的箍筋加密区范围如图4-7所示。

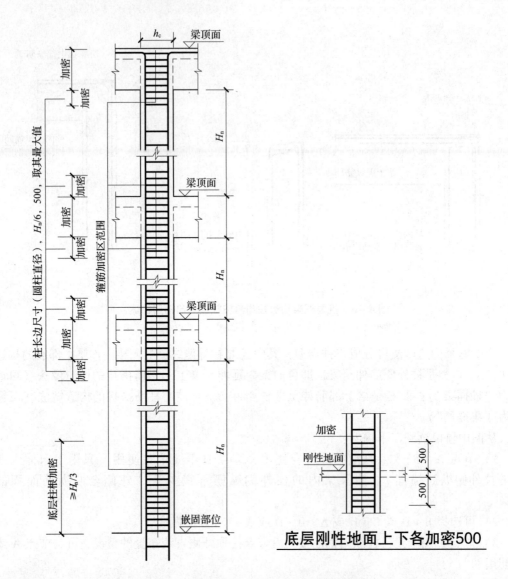

图 4 – 7　抗震 KZ、QZ、LZ 箍筋加密范围

从图中可以读到以下内容：

1）柱的箍筋加密范围为：柱端取 500mm、截面较大边长（或圆柱直径）、柱净高的 1/6 三者的最大值。

2）在嵌固部位的柱下端不小于柱净高的 1/3 范围进行加密。

3）当有刚性地面时，除柱端箍筋加密区外尚应在刚性地面上、下各 500mm 的高度范围内加密箍筋。当边柱遇室内、外均为刚性地面时，加密范围取各自上下的 500mm。当边柱仅一侧有刚性地面时，也应按此要求设置加密区。

4）梁柱节点区域取梁高范围进行箍筋加密。

5）当柱纵筋采用搭接连接时，应在柱纵筋搭接长度范围内均按 ≤5d（d 为搭接钢筋较小直径）及≤100mm 的间距加密箍筋。一般按设计标注的箍筋间距施工即可。

6）加密区箍筋不需要重叠设置，按加密箍筋要求合并设置。

要点6：非抗震框架柱纵向钢筋连接构造

非抗震框架柱 KZ 纵向钢筋的连接构造如图 4-8 所示。

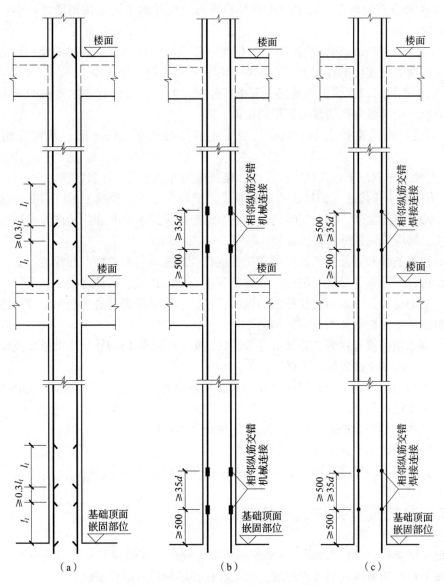

图4-8　非抗震 KZ 纵向钢筋连接构造

（a）绑扎搭接；（b）机械连接；（c）焊接连接

从图中可以读到以下内容：

1）本图适用于上柱钢筋直径不大于下柱钢筋直径且上下柱截面相同、钢筋根数相同的情况。

2）图中钢筋连接形式有搭接、机械连接和焊接三种情况。

3）搭接连接范围可在除柱梁节点外的柱净高任何部位；机械连接或焊接连接位置应距离柱梁节点以上 500mm 以外的柱净高 H_n 任何位置。

4）d 为相互连接两根钢筋中较小直径；当同一构件内不同连接钢筋计算连接区段长度不同时取大值。

5）上图中柱相邻纵向钢筋连接接头相互错开。同一截面内钢筋接头面积百分率：对于绑扎搭接和机械连接不宜大于 50%，对于焊接连接不应大于 50%。

6）同一连接区段内纵向钢筋接头面积百分率，为该区段内有连接接头的纵向受力钢筋截面面积与全部纵向钢筋截面面积的比值。

7）当受拉钢筋直径大于 25mm 及受压钢筋直径大于 28mm 时，不宜采用绑扎搭接。

8）凡接头中点位于连接区段长度内，连接接头均属于同一连接区段。

9）图中的非连接区（即抗震的箍筋加密区）是指在一般情况下不应在此区域进行钢筋连接，特殊情况除外。如在实际施工过程中钢筋接头无法避开非连接区，必须在此进行钢筋连接，则应采用机械连接或焊接。

10）机械连接和焊接接头的类型和质量应符合国家现行有关标准的规定。

11）可以在除非连接区外的柱身任意位置进行钢筋搭接、机械连接或焊接。

12）轴心受拉及小偏心受拉柱内的纵向钢筋，不得采用绑扎搭接接头，设计者应在柱平法结构施工图中注明其平面位置和层数。

13）当采用搭接连接时，若某层连接区的高度不满足纵向钢筋分两批搭接所需要的高度时，应改用机械连接或焊接连接。

14）框架柱纵向钢筋应贯穿中间层节点，不应在中间各层节点内截断。任何情况下，钢筋接头必须设在节点区以外。

15）具体工程中，框架柱的嵌固部位详见设计图纸标注。

16）图中阴影部分为非抗震 KZ 纵筋的非连接区。

17）柱的同一根纵筋在同一层内设置连接接头不得多于一个。

要点 7：非抗震框架柱箍筋构造

非抗震框架柱箍筋构造如图 4-9 所示。墙上起柱，在墙顶面标高以下锚固范围内的柱箍筋按上柱非加密区箍筋要求配置；梁上起柱在梁内设两道柱箍筋。

在柱平法施工图中所注写的非抗震柱的箍筋间距是非搭接区箍筋间距，在搭接区，包括顶层边角柱梁柱纵筋搭接区的箍筋直径和间距要求如下：

1）搭接区内箍筋直径不小于 $d/4$（d 为搭接钢筋最大直径），间距不应大于 100mm 及 $5d$（d 为搭接钢筋最小直径）。

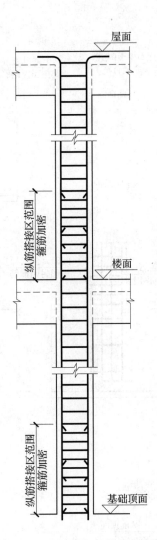

图4-9 非抗震框架柱箍筋构造

2）当受压钢筋直径大于25mm时，尚应在搭接接头的两个端面外100mm的范围内各设置两道箍筋。

当为复合箍筋时，对于四边均有梁的中间节点，在四根梁端的最高梁底至楼板顶范围内可只设置沿周边的矩形封闭箍筋。

墙上起柱（柱纵筋锚固在墙顶部时）和梁上起柱时，墙体和梁的平面外方向应设梁，以平衡柱脚在该方向的弯矩；当柱宽度大于梁宽时，梁应设水平加腋。

要点8：框架柱插筋在基础中的锚固构造

柱插筋及其箍筋在基础中的锚固构造，可根据基础类型、基础高度、基础梁与柱的相对尺寸等因素综合确定。柱插筋在基础中的锚固构造如图4-10所示。

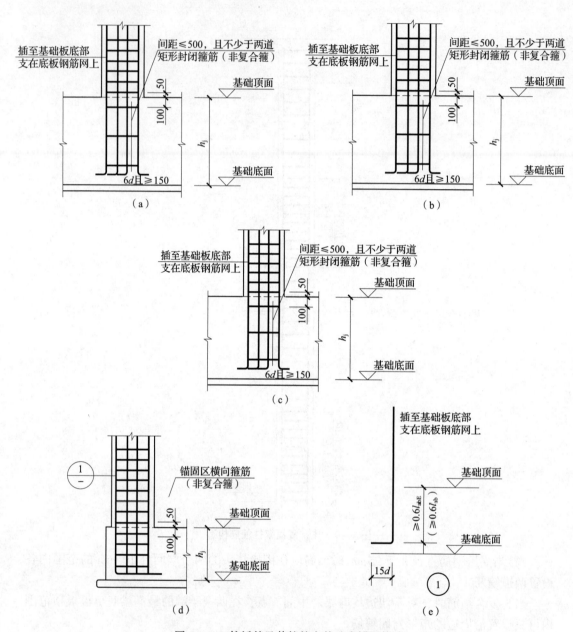

图 4-10　柱插筋及其箍筋在基础中锚固构造

（a）插筋保护层厚度 $>5d$；$h_j > l_{aE}$（l_a）；（b）插筋保护层厚度 $>5d$；$h_j \leq l_{aE}$（l_a）；
（c）插筋保护层厚度 $\leq 5d$；$h_j > l_{aE}$（l_a）；（d）插筋保护层厚度 $\leq 5d$；$h_j \leq l_{aE}$（l_a）；
（e）节点 1 构造

从图中可以读到以下内容：

1）图中 h_j 为基础底面至基础顶面的高度。对于带基础梁的基础为基础梁顶面至基础梁底面的高度。当柱两侧基础梁标高不同时取较低标高。

2）锚固区横向箍筋应满足直径 $\geq d/4$（d 为插筋最大直径），间距 $\leq 10d$（d 为插筋最小直径）且 $\leq 100mm$ 的要求。

3）当插筋部分保护层厚度不一致的情况下（如部分位于板中部分位于梁内），保护层厚度小于 $5d$ 的部位应设置锚固区横向箍筋。

4）当柱为轴心受压或小偏心受压，独立基础、条形基础高度不小于 1200mm 时，或当柱为大偏心受压，独立基础、条形基础高度不小于 1400mm 时，可仅将柱四角插筋伸至底板钢筋网上（伸至底板钢筋网上的柱插筋之间间距不应大于 1000mm），其他钢筋满足锚固长度 l_{aE}（l_a）即可。

5）图中 d 为插筋直径。

柱插筋在基础中锚固构造的具体构造要点为：

①插筋保护层厚度 $>5d$；$h_j>l_{aE}$（l_a）。

柱插筋"插至基础板底部支在底板钢筋网上"，弯折"$6d$ 且 ≥150mm"；而且，墙插筋在基础内设置"间距≤500mm，且不少于两道矩形封闭箍筋（非复合箍）"。

②插筋保护层厚度 $>5d$；$h_j≤l_{aE}$（l_a）。

柱插筋"插至基础板底部支在底板钢筋网上"，且锚固垂直段"$≥0.6l_{abE}$（$≥0.6l_{ab}$）"，弯折"$15d$"；而且，墙插筋在基础内设置"间距≤500mm，且不少于两道矩形封闭箍筋（非复合箍）"。

③插筋保护层厚度 $≤5d$；$h_j>l_{aE}$（l_a）。

柱插筋"插至基础板底部支在底板钢筋网上"，弯折"$6d$ 且 ≥150mm"；而且，墙插筋在基础内设置"锚固区横向箍筋"。

④插筋保护层厚度 $≤5d$；$h_j≤l_{aE}$（l_a）。

柱插筋"插至基础板底部支在底板钢筋网上"，且锚固垂直段"$≥0.6l_{abE}$（$≥0.6l_{ab}$）"，弯折"$15d$"；而且，墙插筋在基础内设置"锚固区横向箍筋"。

要点 9：框架柱变截面位置纵向钢筋构造

框架柱变截面位置纵向钢筋的构造要求通常是指当楼层上下柱截面发生变化时，其纵筋在节点内根的锚固方法和构造措施。纵向钢筋根据框架柱在上下楼层截面变化相对梁高数值的大小，及其所处位置，可分为五种情况，具体构造如图 4-11 所示。

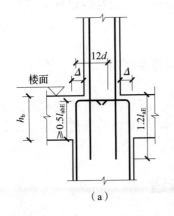

（a）

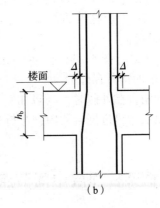

（b）

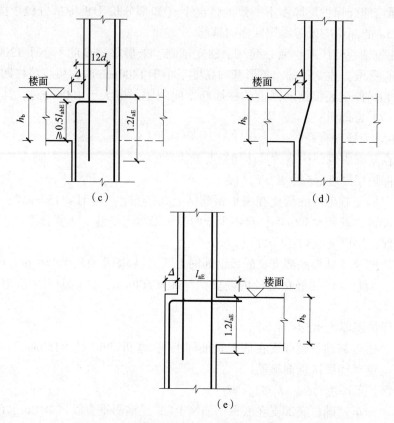

图4-11 抗震框架柱变截面位置纵向钢筋构造

(a) $\Delta/h_b > 1/6$; (b) $\Delta/h_b \leqslant 1/6$; (c) $\Delta/h_b > 1/6$; (d) $\Delta/h_b \leqslant 1/6$; (e) 外侧错台

根据错台的位置及斜率比的大小，可以得出抗震框架柱变截面处的纵筋构造要点，其中 Δ 为上下柱同向侧面错台的宽度，h_b 为框架梁的截面高度。

1）变截面的错台在内侧

变截面的错台在内侧时，可分为两种情况：

①$\Delta/h_b > 1/6$。

图4-12（a）、图4-12（c）：下层柱纵筋断开，上层柱纵筋伸入下层；下层柱纵筋伸至该层顶 $12d$；上层柱纵筋伸入下层 $1.2l_{aE}$。

②$\Delta/h_b \leqslant 1/6$。

图4-11（b）、图4-11（d）：下层柱纵筋斜弯连续伸入上层，不断开。

2）变截面的错台在外侧

变截面的错台在外侧时，构造如图4-11（e）所示，端柱处变截面，下层柱纵筋断开，伸至梁顶后弯锚进框架梁内，弯折长度为 Δ 加 l_{aE} 减纵筋保护层厚度，上层柱纵筋伸入下层 $1.2l_{aE}$。

要点10：框架柱顶层中间节点钢筋构造

根据框架柱在柱网布置中的具体位置（或框架柱四边中与框架梁连接的边数），可分为：中柱、边柱和角柱。根据框架柱中钢筋的位置，可以将框架柱中的钢筋分为框架柱内侧纵筋和外侧纵筋。顶层中间节点（顶层中柱与顶层梁节点）的柱纵筋全部为内侧纵筋，顶层边节点（顶层边柱与顶层梁节点）和顶层角节点（顶层角柱与顶层梁节点）分别由内侧和外侧钢筋组成。下面来讨论框架柱顶层中间节点钢筋构造。

抗震框架柱中柱柱顶纵向钢筋构造如图 4 – 12 所示。

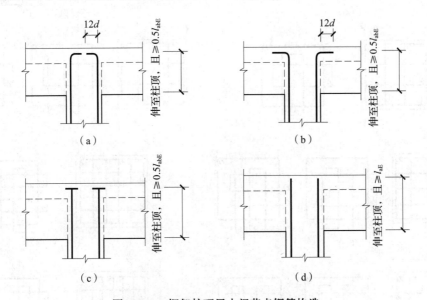

图 4 – 12　框架柱顶层中间节点钢筋构造
(a) 框架柱纵筋在顶层弯锚 1；(b) 框架柱纵筋在顶层弯锚 2；
(c) 框架柱纵筋在顶层加锚头/锚板；(c) 框架柱纵筋在顶层直锚

从图中可以读到以下内容：

1）柱纵筋弯锚入梁中。当顶层框架梁的高度（减去保护层厚度）不能够满足框架柱纵向钢筋的最小锚固长度时，框架柱纵筋伸入框架梁内，采取向内弯折锚固的形式，如图 4 – 12（a）所示；当直锚长度小于最小锚固长度，且顶层为现浇混凝土板，其混凝土强度等级不小于 C20，板厚不小于 100mm 时，可以采用向外弯折锚固的形式，如图 4 – 12（b）所示。

2）柱纵筋加锚头/锚板伸至梁中。当顶层框架梁的高度（减去保护层厚度）不能满足框架柱纵向钢筋的最小锚固长度时，框架柱纵筋伸入框架梁内，可采取端头加锚头（锚板）锚固的形式，如图 4 – 12（c）所示。

3）柱纵筋直锚入梁中。当顶层框架梁的高度（减去保护层厚度）能够满足框架柱纵向钢筋的最小锚固长度时，框架柱纵筋伸入框架梁内，采取直锚的形式，如图 4 – 12（d）所示。

要点 11：矩形箍筋的复合方式

常见矩形箍筋的复合方式如图 4 – 13 所示。

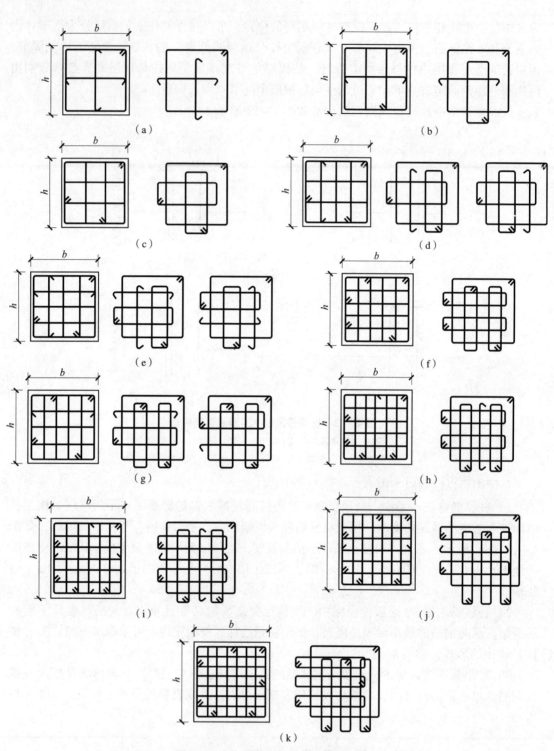

图 4 –13　矩形截面柱的复合箍筋形式

(a) 箍筋肢数 3 × 3；(b) 箍筋肢数 4 × 3；(c) 箍筋肢数 4 × 4；(d) 箍筋肢数 5 × 4；

(e) 箍筋肢数 5 × 5；(f) 箍筋肢数 6 × 6；(g) 箍筋肢数 6 × 5；(h) 箍筋肢数 7 × 6；

(i) 箍筋肢数 7 × 7；(j) 箍筋肢数 8 × 7；(k) 箍筋肢数 8 × 8

从图中可以读到以下内容：

1）沿复合箍周边，箍筋局部重叠不宜多于两层。以复合箍筋最外围的封闭大箍筋为准，柱内的横向小箍筋紧挨其设置在下（或在上），柱内的纵向小箍筋紧挨其设置在上（或在下）。

2）若在同一组内复合箍筋各肢位置不能满足对称要求时，沿柱竖向相邻两组箍筋应交错放置。

3）矩形箍筋的复合方式适用于芯柱。

要点 12：柱平法施工图识读实例

假想从楼层中部将建筑物水平剖开，向下投影形成柱平面图。柱平法施工图则是在柱平面布置图上采用截面注写方式或列表注写方式表达框架柱、框支柱、芯柱、梁上柱和剪力墙上柱的截面尺寸、与轴线几何关系和配筋情况。

1. 柱平法施工图的主要内容

柱平法施工图主要包括以下内容：

1）图名和比例。柱平法施工图的比例应与建筑平面图相同。

2）定位轴线及其编号、间距尺寸。

3）柱的编号、平面布置、与轴线的几何关系。

4）每一种编号柱的标高、截面尺寸、纵向钢筋和箍筋的配置情况。

5）必要的设计说明（包括对混凝土等材料性能的要求）。

2. 柱平法施工图的识读步骤

柱平法施工图识读步骤如下：

1）查看图名、比例。

2）校核轴线编号及间距尺寸，要求必须与建筑图、基础平面图一致。

3）与建筑图配合，明确各柱的编号、数量和位置。

4）阅读结构设计总说明或有关说明，明确柱的混凝土强度等级。

5）根据各柱的编号，查看图中截面标注或柱表，明确柱的标高、截面尺寸和配筋情况。再根据抗震等级、设计要求和标准构造详图确定纵向钢筋和箍筋的构造要求（例如，纵向钢筋连接的方式、位置，搭接长度，弯折要求，柱顶锚固要求，箍筋加密区的范围等）。

6）图纸说明其他的有关要求。

3. 柱平法施工图实例

【例 4-2】　图 4-14 是××工程柱平法施工图的列表注写方式，图 4-15、图 4-16 为用截面注写方式表达的××工程柱平法施工图。各柱平面位置如图 4-15 所示，截面尺寸和配筋情况如图 4-16 所示。从图中可以读到以下内容：

图 4-16 为柱平法施工图，绘制比例为 1:100。轴线编号及其间距尺寸与建筑图、基础平面布置图一致。

该柱平法施工图中的柱包含框架柱和框支柱，共有 4 种编号，其中框架柱 1 种，框支柱 3 种。

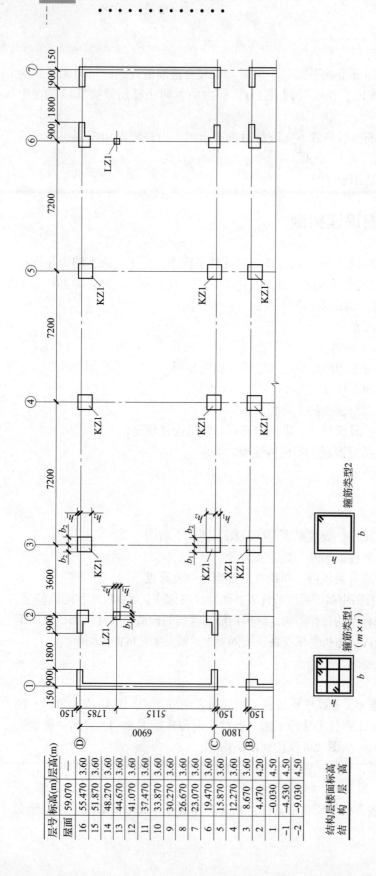

柱号	标高(m)	b×h(圆柱直径D)(mm)	b_1(mm)	b_2(mm)	h_1(mm)	h_2(mm)	全部纵筋	角筋	b边一侧中部筋	h边一侧中部筋	箍筋类型号	箍筋	备注
KZ1	-0.030~19.470	750×700	375	375	150	550	24Φ25				1(5×4)	Φ10@100/200	
	19.470~37.470	650×600	325	325	150	450		4Φ22	5Φ22	4Φ20	1(4×4)	Φ10@100/200	
	34.470~59.070	550×500	275	275	150	350		4Φ22	5Φ22	4Φ20	1(4×4)	Φ8@100/200	
XZ1	-0.030~8.670						8Φ25				按11G101图集的标准构造详图	Φ10@200	③×Ⓑ轴KZ1中设置

图4-14 柱平法施工图列表注写方式

结构层楼面标高
结 构 层 高

层号	标高(m)	层高(m)
屋面	59.070	—
16	55.470	3.60
15	51.870	3.60
14	48.270	3.60
13	44.670	3.60
12	41.070	3.60
11	37.470	3.60
10	33.870	3.60
9	30.270	3.60
8	26.670	3.60
7	23.070	3.60
6	19.470	3.60
5	15.870	3.60
4	12.270	3.60
3	8.670	3.60
2	4.470	4.20
1	-0.030	4.50
-1	-4.530	4.50
-2	-9.030	4.50

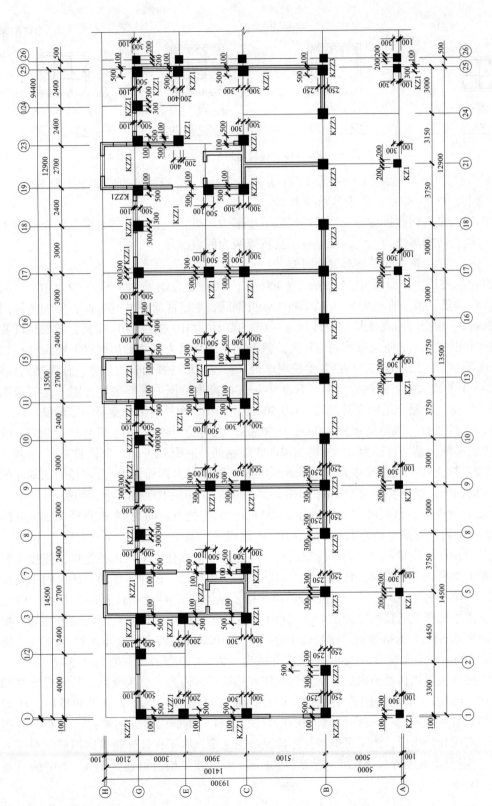

图 4-15 1 号一、二层框支柱平面布置图

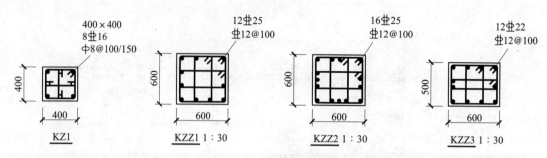

图 4 - 16　柱截面和配筋

7 根 KZ1，位于Ⓐ轴线上；34 根 KZZ1 分别位于Ⓒ、Ⓓ、Ⓔ和Ⓖ轴线上；2 根 KZZ2 位于Ⓓ轴线上；13 根 KZZ3，位于Ⓑ轴线上。

本工程的结构构件抗震等级：转换层以下框架为二级，一、二层剪力墙及转换层以上两层剪力墙，抗震等级为三级，以上各层抗震等级为四级。

根据一、二层框支柱平面布置图可知：

KZ1：框架柱，截面尺寸为 400mm × 400mm，纵向受力钢筋为 8 根直径为 16mm 的 HRB335 级钢筋；箍筋直径为 8mm 的 HPB300 级钢筋，加密区间距为 100mm，非加密区间距为 150mm。根据《混凝土结构设计规范》GB 50010—2010 和 11G101 图集，考虑抗震要求框架柱和框支柱上、下两端箍筋应加密。箍筋加密区长度为：基础顶面以上底层柱根加密区长度不小于底层净高的1/3；其他柱端加密区长度应取柱截面长边尺寸、柱净高的1/6 和 500mm 中的最大值；刚性地面上、下各 500mm 的高度范围内箍筋加密。因为是二级抗震等级，根据《混凝土结构设计规范》GB 50010—2010，角柱应沿柱全高加密箍筋。

KZZ1：框支柱，截面尺寸为 600mm × 600mm，纵向受力钢筋为 12 根直径为 25mm 的 HRB335 级钢筋；箍筋直径为 12mm 的 HRB335 级钢筋，间距 100mm，全长加密。

KZZ2：框支柱，截面尺寸为 600mm × 600mm，纵向受力钢筋为 16 根直径为 25mm 的 HRB335 级钢筋；箍筋直径为 12mm 的 HRB335 级钢筋，间距 100mm，全长加密。

KZZ3：框支柱，截面尺寸为 600mm × 500mm，纵向受力钢筋为 12 根直径为 22mm 的 HRB335 级钢筋；箍筋直径为 12mm 的 HRB335 级钢筋，间距 100mm，全长加密。

柱纵向钢筋的连接可以采用绑扎搭接和焊接连接，框支柱宜采用机械连接，连接一般设在非箍筋加密区。连接时，柱相邻纵向钢筋接头应相互错开，为保证同一截面内钢筋接头面积百分率不大于50%，纵向钢筋分两段连接，具体如图 4 - 4（a）、（c）所示。绑扎搭接时，图中的绑扎搭接长度为 $1.4l_{aE}$，同时在柱纵向钢筋搭接长度范围内加密箍筋，加密箍筋间距取 $5d$（d 为搭接钢筋钢筋较小直径）及 100mm 的较小值（本工程 KZ1 加密箍筋间距为 80mm；框支柱为 100mm）。抗震等级为二级、C30 混凝土时的 l_{aE} 为 $34d$。

框支柱在三层墙体范围内的纵向钢筋应伸入三层墙体内至三层天棚顶，其余框支柱和框架柱按 11G101 - 1 图集锚入梁板内。KZl 钢筋按 11G101 - 1 图集锚入梁板内。根据 11G101 - 1 图集第 59 页，抗震框架边柱和角柱柱顶纵向钢筋构造见图 4 - 7，根据设计指定选用，若设计未指定，施工可根据具体情况自主选定。本工程柱外侧纵向钢筋配筋率 ≤ 1.2%，且混凝土强度等级 ≥ C20，板厚 ≥ 80mm，所以柱顶构造可选用图 4 - 7 中的节点 A、B 或 D。

第5章 剪力墙平法识图

要点1：剪力墙列表注写方式

1. 编号

将剪力墙按墙柱、墙身、墙梁三类构件分别编号。

（1）墙柱编号

墙柱编号，由墙柱类型代号和序号组成，表达形式见表5-1。

表5-1 墙柱编号

墙柱类型	编 号	序 号
约束边缘构件	YBZ	××
构造边缘构件	GBZ	××
非边缘暗柱	AZ	××
扶壁柱	FBZ	××

注：约束边缘构件包括约束边缘暗柱、约束边缘端柱、约束边缘翼墙、约束边缘转角墙四种（见图5-1）。构造边缘构件包括构造边缘暗柱、构造边缘端柱、构造边缘翼墙、构造边缘转角墙四种（见图5-2）。

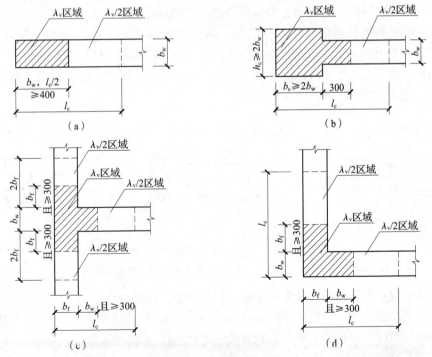

图5-1 约束边缘构件

（a）约束边缘暗柱；（b）约束边缘端柱；（c）约束边缘翼墙；（d）约束边缘转角墙

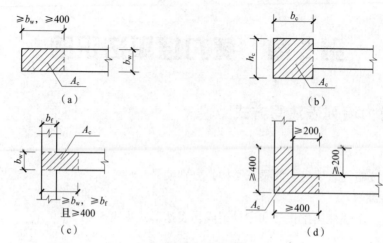

图 5 - 2 构造边缘构件

(a) 构造边缘暗柱；(b) 构造边缘端柱；(c) 构造边缘翼墙；(d) 构造边缘转角墙

（2）墙身编号

墙身编号，由墙身代号、序号以及墙身所配置的水平与竖向分布钢筋的排数组成，其中，排数注写在括号内。表达形式为：Q×× （×排）。

在编号中：如若干墙柱的截面尺寸与配筋均相同，仅截面与轴线的关系不同时，可将其编为同一墙柱号；又如若干墙身的厚度尺寸和配筋均相同，仅墙厚与轴线的关系不同或墙身长度不同时，也可将其编为同一墙身号，但应在图中注明与轴线的几何关系。

当墙身所设置的水平与竖向分布钢筋的排数为两排时可不注。

对于分布钢筋网的排数规定：非抗震：当剪力墙厚度大于 160mm 时，应配置双排；当其厚度不大于 160mm 时，宜配置双排。抗震：当剪力墙厚度不大于 400mm 时，应配置双排；当剪力墙厚度大于 400mm，但不大于 700mm 时，宜配置三排；当剪力墙厚度大于 700mm 时，宜配置四排，如图 5 - 3 所示。

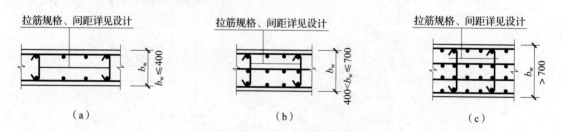

图 5 - 3 剪力墙身水平钢筋网排数

(a) 剪力墙双排配筋；(b) 剪力墙三排配筋；(c) 剪力墙四排配筋

各排水平分布钢筋和竖向分布钢筋的直径与间距宜保持一致。

当剪力墙配置的分布钢筋多于两排时，剪力墙拉筋两端应同时勾住外排水平纵筋和竖向纵筋，还应与剪力墙内排水平纵筋和竖向纵筋绑扎在一起。

（3）墙梁编号

墙梁编号，由墙梁类型代号和序号组成，表达形式见表 5 - 2。

表 5 – 2　墙梁编号

墙梁类型	代　号	序　号
连梁	LL	××
连梁（对角暗撑配筋）	LL（JC）	××
连梁（交叉斜筋配筋）	LL（JX）	××
连梁（集中对角斜筋配筋）	LL（DX）	××
暗梁	AL	××
边框梁	BKL	××

2. 墙柱表的内容

墙柱表中表达的内容包括：

（1）墙柱编号（见表 5 – 1）

绘制该墙柱的截面配筋图，标注墙柱几何尺寸。

1）约束边缘构件（见图 5 – 1），需注明阴影部分尺寸。

2）构造边缘构件（见图 5 – 2），需注明阴影部分尺寸。

3）扶壁柱及非边缘暗柱需标注几何尺寸。

（2）各段墙柱的起止标高

注写各段墙柱的起止标高，自墙柱根部往上以变截面位置或截面未变但配筋改变处为界分段注写。墙柱根部标高系指基础顶面标高（部分框支剪力墙结构则为框支梁顶面标高）。

（3）各段墙柱的纵向钢筋和箍筋

注写各段墙柱的纵向钢筋和箍筋，注写值应与在表中绘制的截面配筋图对应一致。纵向钢筋注总配筋值；墙柱箍筋的注写方式与柱箍筋相同。

约束边缘构件除注写阴影部位的箍筋外，尚需在剪力墙平面布置图中注写非阴影区内布置的拉筋（或箍筋）。

剪力墙柱表识图，见图 5 – 4。

3. 墙身表的内容

剪力墙身表包括以下内容：

（1）墙身编号

（2）各段墙身起止标高

注写各段墙身起止标高，自墙身根部往上以变截面位置或截面未变但配筋改变处为界分段注写。墙身根部标高系指基础顶面标高（部分框支剪力墙结构则为框支梁顶面标高）。

（3）配筋

注写水平分布钢筋、竖向分布钢筋和拉筋的具体数值。注写数值为一排水平分布钢筋和竖向分布钢筋的规格与间距，具体设置几排已经在墙身编号后面表达。

拉筋应注明布置方式"双向"或"梅花双向"，见图 5 – 5（图中 a 为竖向分布钢筋间距，b 为水平分布钢筋间距）。

剪力墙柱表

截面	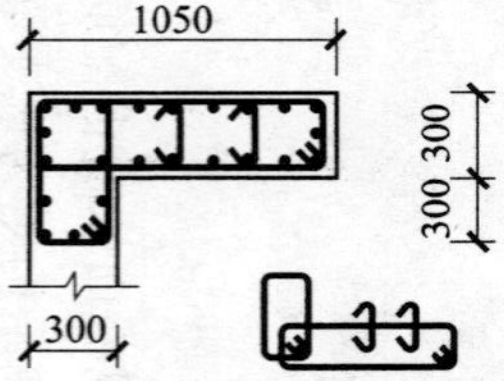 YBZ1	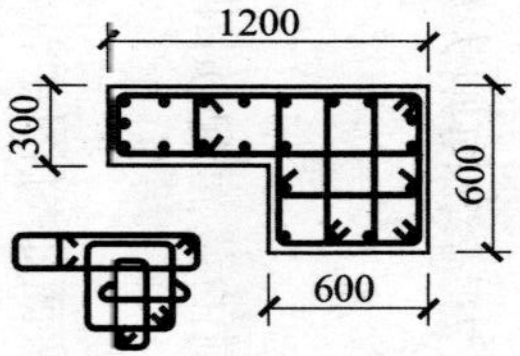 YBZ2	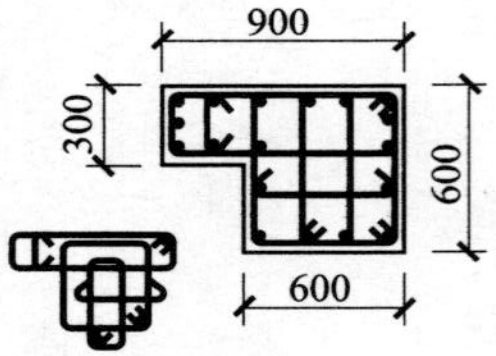 YBZ3	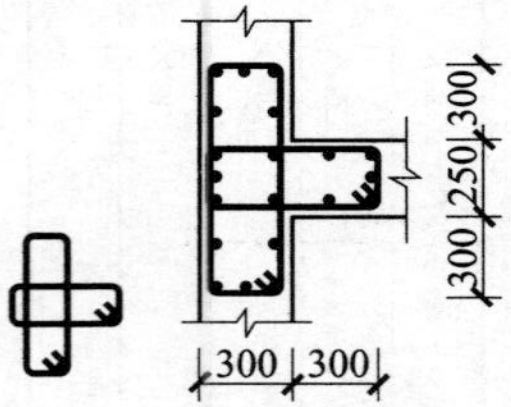 YBZ4
编号	YBZ1	YBZ2	YBZ3	YBZ4
标高	-0.030~12.270	-0.030~12.270	-0.030~12.270	-0.030~12.270
纵筋	24Φ20	22Φ20	18Φ22	20Φ20
箍筋	Φ10@100	Φ10@100	Φ10@100	Φ10@100

截面	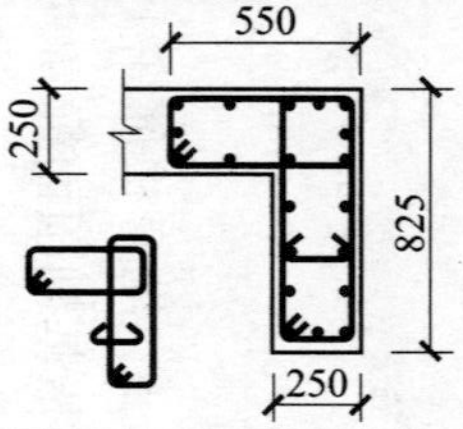 YBZ5	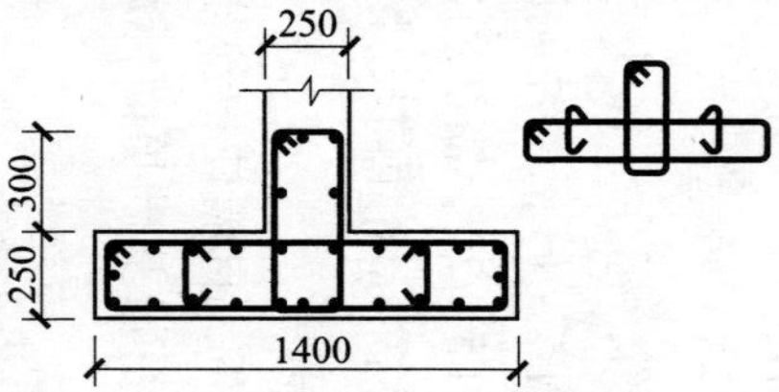 YBZ6	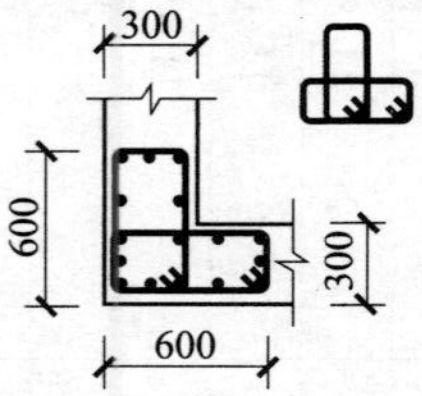 YBZ7
编号	YBZ5	YBZ6	YBZ7
标高	-0.030~12.270	-0.030~12.270	-0.030~12.270
纵筋	20Φ20	23Φ20	16Φ20
箍筋	Φ10@100	Φ10@100	Φ10@100

图5-4 剪力墙柱表识图

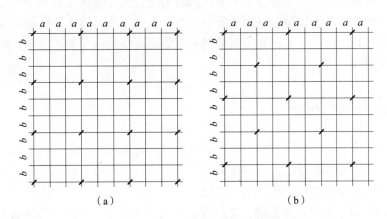

图 5-5 双向拉筋与梅花双向拉筋示意

（a）拉筋@3*a*3*b* 双向（*a*≤200、*b*≤200）；（b）拉筋@4*a*4*b* 梅花双向（*a*≤150、*b*≤150）

剪力墙身表识图，见图 5-6。

剪力墙身表

编号	标　　高	墙厚	水平分布筋	垂直分布筋	拉筋（双向）
Q1	−0.030~30.270	300	⊕12@200	⊕12@200	φ6@600@600
	30.270~59.070	250	⊕10@200	⊕10@200	φ6@600@600
Q2	−0.030~30.270	250	⊕10@200	⊕10@200	φ6@600@600
	30.270~59.070	200	⊕10@200	⊕10@200	φ6@600@600

图 5-6 剪力墙身表识图

4. 墙身梁的内容

1）墙梁编号。墙梁编号见表 5-2。

2）墙梁所在楼层号。

3）墙梁顶面标高高差。墙梁顶面标高高差，系指相对于墙梁所在结构层楼面标高的高差值，高于者为正值，低于者为负值，当无高差时不注。

4）截面尺寸。墙梁截面尺寸 *b*×*h*，上部纵筋、下部纵筋和箍筋的具体数值。

5）当连梁设有对角暗撑时［代号为 LL（JC）××］，注写暗撑的截面尺寸（箍筋外皮尺寸）；注写一根暗撑的全部纵筋，并标注"×2"表明有两根暗撑相互交叉；注写暗撑箍筋的具体数值。

6）当连梁设有交叉斜筋时［代号为 LL（JX）××］，注写连梁一侧对角斜筋的配筋值，并标注"×2"表明对称设置；注写对角斜筋在连梁端部设置的拉筋根数、规格及直径，并标注"×4"表示四个角都设置；注写连梁一侧折线筋配筋值，并标注"×2"表明对称设置。

7）当连梁设有集中对角斜筋时［代号为 LL（DX）××］，注写一条对角线上的对角斜筋，并标注"×2"表明对称设置。

　　墙梁侧面纵筋的配置，当墙身水平分布钢筋满足连梁、暗梁及边框梁的梁侧面纵向构造钢筋的要求时，该筋配置同墙身水平分布钢筋，表中不注，施工按标准构造详图的要求即可；当不满足时，应在表中补充注明梁侧面纵筋的具体数值（其在支座内的锚固要求同连梁中受力钢筋）。

要点2：剪力墙截面注写方式

　　选用适当比例原位放大绘制剪力墙平面布置图，其中对墙柱绘制配筋截面图；对所有墙柱、墙身、墙梁进行编号，并分别在相同编号的墙柱、墙身、墙梁中选择一根墙柱、一道墙身、一根墙梁进行注写，其注写方式如下：

　　（1）从相同编号的墙柱中选择一个截面，注明几何尺寸，标注全部纵筋及箍筋的具体数值。

　　注：约束边缘构件（见图5－1）除需注明阴影部分具体尺寸外，尚需注明约束边缘构件沿墙肢长度 l_c，约束边缘翼墙中沿墙肢长度尺寸为 $2b_f$ 时可不注。除注写阴影部位的箍筋外尚需注写非阴影区内布置的拉筋（或箍筋）。当仅 l_c 不同时，可编为同一构件，但应单独注明 l_c 的具体尺寸并标注非阴影区内布置的拉筋（或箍筋）。

　　（2）从相同编号的墙身中选择一道墙身，按顺序引注的内容为：墙身编号（应包括注写在括号内墙身所配置的水平与竖向分布钢筋的排数）、墙厚尺寸，水平分布钢筋、竖向分布钢筋和拉筋的具体数值。

　　（3）从相同编号的墙梁中选择一道墙梁，按顺序引注的内容为：

　　1）注写墙梁编号、墙梁截面尺寸 $b \times h$、墙梁箍筋、上部纵筋、下部纵筋和墙梁顶面标高高差的具体数值。

　　2）当连梁设有对角暗撑时［代号为LL（JC）××］，注写暗撑的截面尺寸（箍筋外皮尺寸）；注写一根暗撑的全部纵筋，并标注×2表明有两根暗撑相互交叉；注写暗撑箍筋的具体数值。

　　3）当连梁设有交叉斜筋时［代号为LL（JX）××］，注写连梁一侧对角斜筋的配筋值，并标注×2表明对称设置；注写对角斜筋在连梁端部设置的拉筋根数、规格及直径，并标注×4表示四个角都设置；注写连梁一侧折线筋配筋值，并标注×2表明对称设置。

　　4）当连梁设有集中对角斜筋时［代号为LL（DX）××］，注写一条对角线上的对角斜筋，并标注×2表明对称设置。

　　当墙身水平分布钢筋不能满足连梁、暗梁及边框梁的梁侧面纵向构造钢筋的要求时，应补充注明梁侧面纵筋的具体数值；注写时，以大写字母N打头，接续注写直径与间距。其在支座内的锚固要求同连梁中受力钢筋。

　　【例5－1】　N⇧10@150，表示墙梁两个侧面纵筋对称配置为：HRB400级钢筋，直径Φ10，间距为150mm。

要点3：剪力墙洞口的表示方法

无论采用列表注写方式还是截面注写方式，剪力墙上的洞口均可在剪力墙平面布置图上原位表达。

洞口的具体表示方法：

1. 在剪力墙平面布置图上绘制

在剪力墙平面布置图上绘制洞口示意，并标注洞口中心的平面定位尺寸。

2. 在洞口中心位置引注

（1）洞口编号

矩形洞口为 JD×× （×× 为序号），圆形洞口为 YD×× （×× 为序号）。

（2）洞口几何尺寸

矩形洞口为洞宽×洞高（$b×h$），圆形洞口为洞口直径。

（3）洞口中心相对标高

洞口中心相对标高，系相对于结构层楼（地）面标高的洞口中心高度。当其高于结构层楼面时为正值，低于结构层楼面时为负值。

（4）洞口每边补强钢筋

1）当矩形洞口的洞宽、洞高均不大于800mm时，此项注写为洞口每边补强钢筋的具体数值（如果按标准构造详图设置补强钢筋时可不注）。当洞宽、洞高方向补强钢筋不一致时，分别注写洞宽方向、洞高方向补强钢筋，以"/"分隔。

【例5-2】 JD 2　400×300　+3.100　3⊕14，表示2号矩形洞口，洞宽400mm，洞高300mm，洞口中心距本结构层楼面3100mm，洞口每边补强钢筋为3⊕14。

【例5-3】 JD 3　400×300　+3.100，表示3号矩形洞口，洞宽400mm，洞高300mm，洞口中心距本结构层楼面3100mm，洞口每边补强钢筋按构造配置。

【例5-4】 JD 4　800×300　+3.100　3⊕18/3⊕14，表示4号矩形洞口，洞宽800mm、洞高300mm，洞口中心距本结构层楼面3100mm，洞宽方向补强钢筋为3⊕18，洞高方向补强钢筋为3⊕14。

2）当矩形或圆形洞口的洞宽或直径大于800mm时，在洞口的上、下需设置补强暗梁，此项注写为洞口上、下每边暗梁的纵筋与箍筋的具体数值（在标准构造详图中，补强暗梁梁高一律定为400mm，施工时按标准构造详图取值，设计不注。当设计者采用与该构造详图不同的做法时，应另行注明），圆形洞口时尚需注明环向加强钢筋的具体数值；当洞口上、下边为剪力墙连梁时，此项免注；洞口竖向两侧设置边缘构件时，亦不在此项表达（当洞口两侧不设置边缘构件时，设计者应给出具体做法）。

【例5-5】 YD 5　1000　+1.800　6⊕20 ⊕8@150　2⊕16，表示5号圆形洞口，直径1000mm，洞口中心距本结构层楼面1800mm，洞口上下设补强暗梁，每边暗梁纵筋为6⊕20，箍筋为⊕8@150，环向加强钢筋2⊕16。

3）当圆形洞口设置在连梁中部1/3范围（且圆洞直径不应大于1/3梁高）时，需注写在圆洞上下水平设置的每边补强纵筋与箍筋。

4）当圆形洞口设置在墙身或暗梁、边框梁位置，且洞口直径不大于 300mm 时，此项注写为洞口上下左右每边布置的补强纵筋的具体数值。

5）当圆形洞口直径大于 300mm，但不大于 800mm 时，其加强钢筋按照圆外切正六边形的边长方向布置，设计仅需注写六边形中一边补强钢筋的具体数值。

要点4：地下室外墙表示方法

地下室外墙仅适用于起挡土作用的地下室外围护墙。地下室外墙中墙柱、连梁及洞口等的表示方法同地上剪力墙。

地下室外墙编号，由墙身代号序号组成。表达为：DWQ××。

地下室外墙平注写方式，包括集中标注墙体编号、厚度、贯通筋、拉筋等和原位标注附加非贯通筋等两部分内容。当仅设置贯通筋，未设置附加非贯通筋时，则仅做集中标注。

1. 集中标注

集中标注的内容包括：

1）地下室外墙编号，包括代号、序号、墙身长度（注为××～××轴）。

2）地下室外墙厚度 $b_w = ×××$。

3）地下室外墙的外侧、内侧贯通筋和拉筋。

①以 OS 代表外墙外侧贯通筋。其中，外侧水平贯通筋以 H 打头注写，外侧竖向贯通筋以 V 打头注写。

②以 IS 代表外墙内侧贯通筋。其中，内侧水平贯通筋以 H 打头注写，内侧竖向贯通筋以 V 打头注写。

③以 tb 打头注写拉筋直径、强度等级及间距，并注明"双向"或"梅花双向"。

【例5-6】　　DWQ2（①～⑥），$b_w = 300$

OS：H $\oplus$18@200，V $\oplus$20@200

IS：H $\oplus$16@200，V $\oplus$18@200

tb：ϕ6@400@400 双向

表示 2 号外墙，长度范围为①～⑥之间，墙厚为 300mm；外侧水平贯通筋为 $\oplus$18@200，竖向贯通筋为 $\oplus$20@200；内侧水平贯通筋为 $\oplus$16@200，竖向贯通筋为 $\oplus$18@200；双向拉筋为 ϕ6，水平间距为 400mm，竖向间距为 400mm。

2. 原位标注

地下室外墙的原位标注，主要表示在外墙外侧配置的水平非贯通筋或竖向非贯通筋。

当配置水平非贯通筋时，在地下室墙体平面图上原位标注。在地下室外墙外侧绘制粗实线段代表水平非贯通筋，在其上注写钢筋编号并以 H 打头注写钢筋强度等级、直径、分布间距，以及自支座中线向两边跨内的伸出长度值。当自支座中线向两侧对称伸出时，可仅在单侧标注跨内伸出长度，另一侧不注，此种情况下非贯通筋总长度为标注长度的 2 倍。边支座处非贯通钢筋的伸出长度值从支座外边缘算起。

地下室外墙外侧非贯通筋通常采用"隔一布一"方式与集中标注的贯通筋间隔布置，其标注间距应与贯通筋相同，两者组合后的实际分布间距为各自标注间距的1/2。

当在地下室外墙外侧底部、顶部、中层楼板位置配置竖向非贯通筋时，应补充绘制地下室外墙竖向截面轮廓图并在其上原位标注。表示方法为在地下室外墙竖向截面轮廓图外侧绘制粗实线段代表竖向非贯通筋，在其上注写钢筋编号并以 V 打头注写钢筋强度等级、直径、分布间距，以及向上（下）层的伸出长度值，并在外墙竖向截面图名下注明分布范围（××～××轴）。

地下室外墙外侧水平、竖向非贯通筋配置相同者，可仅选择一处注写，其他可仅注写编号。

当在地下室外墙顶部设置通长加强钢筋时应注明。

要点5：剪力墙水平分布钢筋在端柱锚固构造

剪力墙设有端柱时，水平分布筋在端柱锚固的构造要求如图 5 - 7 所示。

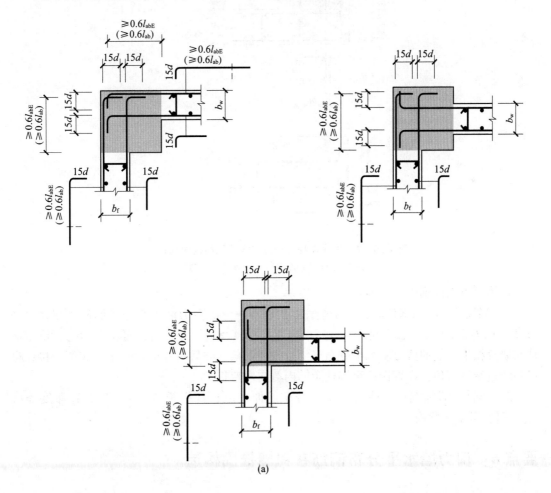

(a)

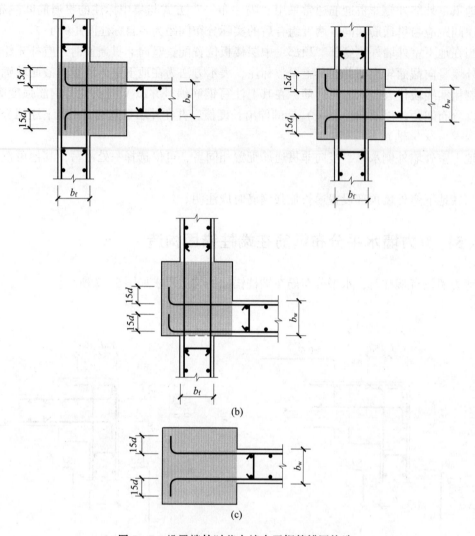

图 5 - 7　设置端柱时剪力墙水平钢筋锚固构造

（a）转角处；（b）丁字相连处；（c）端部

从图中可以读到以下内容：

1）端柱位于转角部位时，位于端柱宽出墙身一侧的剪力墙水平分布筋伸入端柱水平长度≥0.6l_{abE}（0.6l_{ab}），弯折长度15d；当直锚深度≥l_{aE}（l_a）时，可不设弯钩。位于端柱与墙身相平一侧的剪力墙水平分布筋绕过端柱阳角，与另一片墙段水平分布筋连接；也可不绕过端柱阳角，而直接伸至端柱角筋内侧向内弯折15d。

2）非转角部位端柱，剪力墙水平分布筋伸入端柱弯折长度15d；当直锚深度≥l_{aE}（l_a）时，可不设弯钩。

要点 6：剪力墙水平分布钢筋在翼墙锚固构造

水平分布钢筋在翼墙的锚固构造要求如图 5 - 8 所示。

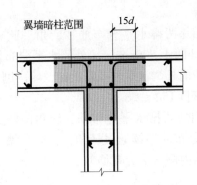

图 5-8　设置翼墙时剪力墙水平钢筋锚固构造

从图中可以读到以下内容：

1）翼墙两翼的墙身水平分布筋连续通过翼墙。

2）翼墙肢部墙身水平分布筋伸至翼墙核心部位的外侧钢筋内侧，水平弯折 15d。

要点 7：剪力墙水平分布钢筋在转角墙锚固构造

剪力墙水平分布钢筋在转角墙锚固构造要求如图 5-9 所示。

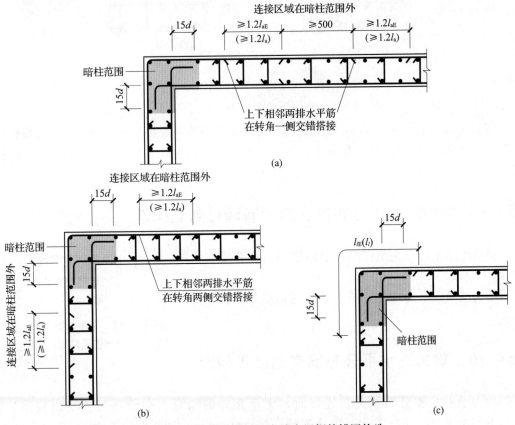

图 5-9　设置转角墙时剪力墙水平钢筋锚固构造

从图中可以读到以下内容：

1）图 5-9（a）：上下相邻两排水平分布筋在转角一侧交错搭接连接，搭接长度 ≥ $1.2l_{aE}$（$1.2l_a$），搭接范围错开间距 500mm；墙外侧水平分布筋连续通过转角，在转角墙核心部位以外与另一片剪力墙的外侧水平分布筋连接，墙内侧水平分布筋伸至转角墙核心部位的外侧钢筋内侧，水平弯折 15d。

2）图 5-9（b）：上下相邻两排水平分布筋在转角两侧交错搭接连接，搭接长度 ≥ $1.2l_{aE}$（$1.2l_a$）；墙外侧水平分布筋连续通过转角，在转角墙核心部位以外与另一片剪力墙的外侧水平分布筋连接，墙内侧水平分布筋伸至转角墙核心部位的外侧钢筋内侧，水平弯折 15d。

3）图 5-9（c）：墙外侧水平分布筋在转角处搭接，搭接长度为 l_{lE}（l_l），墙内侧水平分布筋伸至转角墙核心部位的外侧钢筋内侧，水平弯折 15d。

要点 8：剪力墙水平分布筋在端部无暗柱封边构造

剪力墙水平分布钢筋在端部无暗柱封边构造要求如图 5-10 所示。

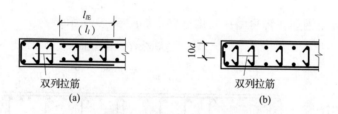

图 5-10　无暗柱时水平钢筋锚固构造
（a）封边方式 1（墙厚度较小）；（b）封边方式 2

剪力墙身水平分布筋在端部无暗柱时，可采用在端部设置 U 形水平筋（目的是箍住边缘竖向加强筋），墙身水平分布筋与 U 形水平搭接；也可将墙身水平分布筋伸至端部弯折 10d。

要点 9：剪力墙水平分布筋在端部有暗柱封边构造

剪力墙水平分布钢筋在端部有暗柱封边构造要求如图 5-11 所示。

剪力墙身水平分布筋伸至边缘暗柱角筋外侧，弯折 10d。

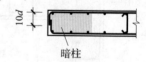

图 5-11　有暗柱时水平钢筋锚固构造

要点 10：剪力墙水平分布筋交错连接构造

剪力墙身水平分布筋交错连接时，上下相邻的墙身水平分布筋交错搭接连接，搭接长度 ≥ $1.2l_{aE}$（$1.2l_a$），搭接范围交错 ≥ 500mm，如图 5-12 所示。

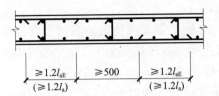

图 5 - 12　剪力墙水平钢筋交错搭接

要点 11：剪力墙水平分布筋斜交墙构造

剪力墙斜交部位应设置暗柱，如图 5 - 13 所示。斜交墙外侧水平分布筋连续通过阳角，内侧水平分布筋在墙内弯折锚固长度为 $15d$。

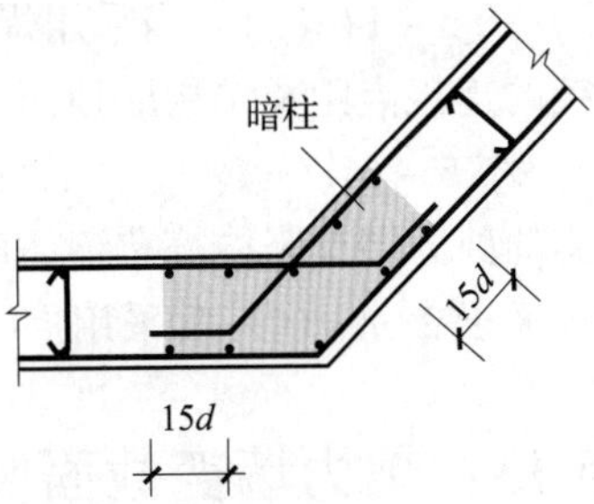

要点 12：剪力墙竖向分布筋连接构造

图 5 - 13　斜交墙暗柱

剪力墙身竖向分布钢筋通常采用搭接、机械连接和焊接连接三种连接方式，如图 5 - 14 所示。

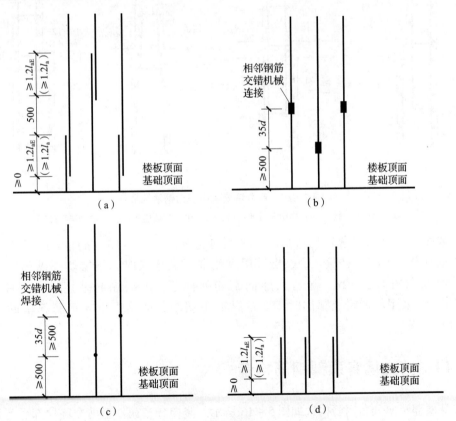

图 5 - 14　剪力墙身竖向分布钢筋连接构造

从图中可以读到以下内容：

1）图5-14（a）：一、二级抗震等级剪力墙底部加强部位的剪力墙身竖向分布钢筋可在楼层层间任意位置搭接连接，搭接长度为 $1.2l_{aE}$，搭接接头错开距离 500mm，钢筋直径大于 28mm 时不宜采用搭接连接。

2）图5-14（b）：当采用机械连接时，纵筋机械连接接头错开 35d；机械连接的连接点距离结构层顶面（基础顶面）或底面≥500mm。

3）图5-14（c）：当采用焊接连接时，纵筋焊接连接接头错开 35d 且≥500mm；焊接连接的连接点距离结构层顶面（基础顶面）或底面≥500mm。

4）图5-14（d）：一、二级抗震等级剪力墙非底部加强部位或三、四级抗震等级或非抗震的剪力墙身竖向分布钢筋可在楼层层间同一位置搭接连接，搭接长度为 $1.2l_{aE}$，钢筋直径大于 28mm 时不宜采用搭接连接。

要点 13：剪力墙变截面竖向分布筋构造

当剪力墙在楼层上下截面变化时，变截面处的钢筋构造与框架柱相同。除端柱外，其他剪力墙柱变截面构造要求，如图5-15所示。

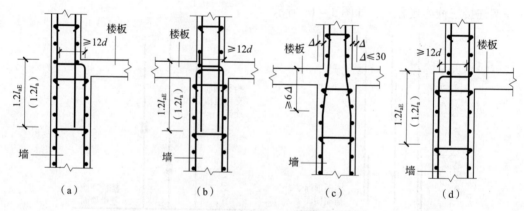

图5-15 剪力墙变截面竖向钢筋构造

（a）边梁非贯通连接；（b）中梁非贯通连接；（c）中梁贯通连接；（d）边梁非贯通连接

变截面墙柱纵筋有两种构造形式：非贯通连接［图5-15（a）、（b）、（d）］和斜锚贯通连接［图5-15（c）］。当采用纵筋非贯通连接时，下层墙柱纵筋伸至基础内变截面处向内弯折 12d，至对面竖向钢筋处截断，上层纵筋垂直锚入下柱 $1.2l_{aE}$（$1.2l_a$）。当采用斜弯贯通锚固时，墙柱纵筋不切断，而是以 1/6 钢筋斜率的方式弯曲伸到上一楼层。

要点 14：剪力墙身顶部钢筋构造

墙身顶部竖向分布钢筋构造如图5-16所示。竖向分布筋伸至剪力墙顶部后弯折，弯折长度为 12d；当一侧剪力墙有楼板时，墙柱钢筋均向楼板内弯折，当剪力墙两侧均有楼板时，竖向钢筋可分别向两侧楼板内弯折。而当剪力墙竖向钢筋在边框梁中锚固时，构造特点为直锚 l_{aE}（l_a）。

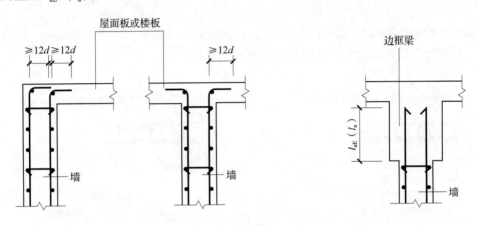

图 5 - 16 剪力墙竖向钢筋顶部构造

要点 15：剪力墙身拉筋构造

剪力墙身拉筋有矩形排布与梅花形排布两种布置形式，如图 5 - 17 所示。剪力墙身中的拉筋要求布置在竖向分布筋和水平分布筋的交叉点，同时拉住墙身竖向分布筋和水平分布筋；拉筋选用的布置形式应在图纸中用文字表示。若拉筋间距相同，梅花形排布的布置形式约是矩形排布形式用钢量的两倍。

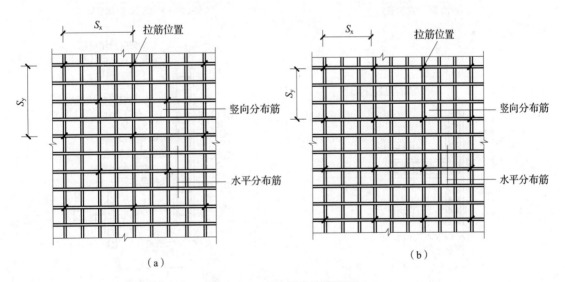

图 5 -17 剪力墙身拉筋设置

（a）梅花形排布；（b）矩形排布

要点 16：剪力墙约束边缘构件

剪力墙约束边缘构件（以 Y 字开头），包括约束边缘暗柱、约束边缘端柱、约束边缘翼墙、约束边缘转角墙四种，如图 5－18 所示。

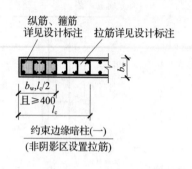

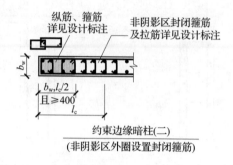

(a)

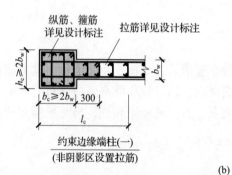

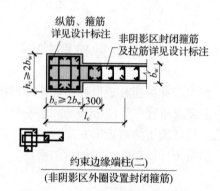

(b)

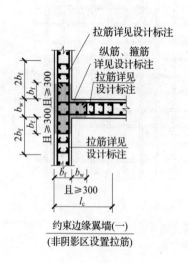

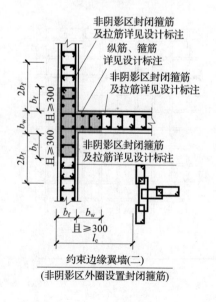

(c)

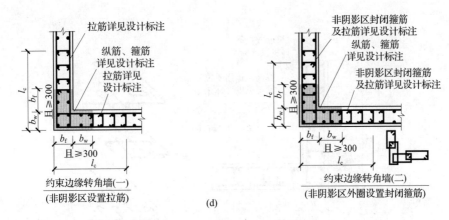

图 5－18　剪力墙约束边缘构件构造

从图中可以读到以下内容：

1）图 5－18（a）：约束边缘暗柱的长度≥400mm。

2）图 5－18（b）：约束边缘端柱包括矩形柱和伸出的一段翼缘两个部分，在矩形柱范围内，布置纵筋和箍筋，翼缘长度为 300mm。

3）图 5－18（c）：约束边缘翼墙。

4）图 5－18（d）：约束边缘转角墙每边长度＝邻边墙厚＋墙厚≥300mm。

每个构件均有两种构造，在这里做简要说明，构造图中左图均在非阴影区设置拉筋，右图均在非阴影区外圈设置封闭箍筋。

要点 17：剪力墙水平钢筋计入约束边缘构件体积配箍率的构造

剪力墙水平钢筋计入约束边缘构件体积配箍率的构造做法如图 5－19 所示。

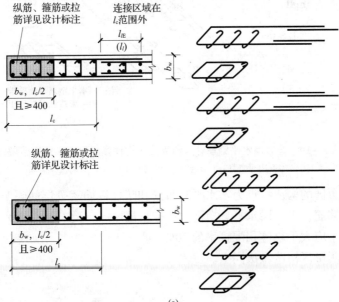

(a)

混凝土结构平法识图要点解析

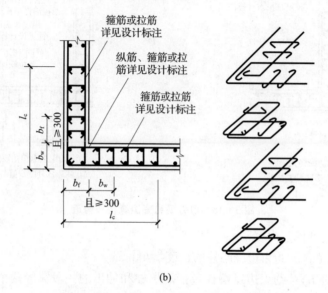

(b)

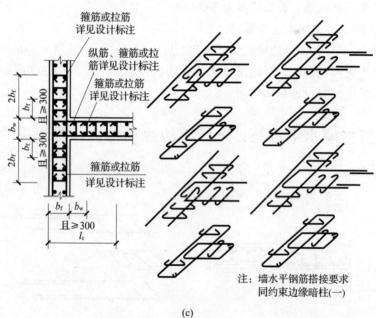

注：墙水平钢筋搭接要求
同约束边缘暗柱(一)

(c)

图 5 – 19 剪力墙水平钢筋计入约束边缘构件体积配箍率的构造做法

（a）约束边缘暗柱；（b）约束边缘转角墙；（c）约束边缘翼墙

约束边缘阴影区的构造特点为：水平分布筋和暗柱箍筋"分层间隔"布置，及一层水平分布筋、一层箍筋，再一层水平分布筋、一层箍筋……依此类推。计入的墙水平分布钢筋的体积配箍率不应大于总体积配箍率的30%。

约束边缘非阴影区构造做法同上。

要点 18：剪力墙构造边缘构件

剪力墙构造边缘构件（以 G 字开头）包括构造边缘暗柱、构造边缘端柱、构造边缘翼墙、构造边缘转角墙四种，如图 5-20 所示。

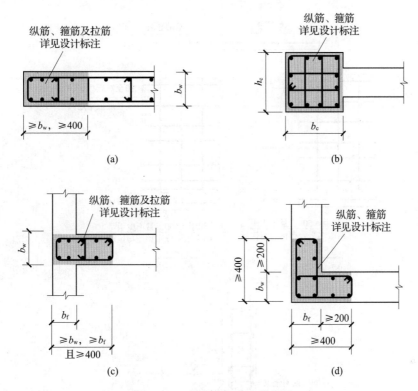

图 5-20　剪力墙构造边缘构件
（a）构造边缘暗柱；（b）构造边缘端柱；（c）构造边缘翼墙；（d）构造边缘转角墙

从图中可以读到以下内容：

1）图 5-20（a）：构造边缘暗柱的长度≥墙厚且≥400mm。

2）图 5-20（b）：构造边缘端柱仅在矩形柱范围内布置纵筋和箍筋，其箍筋布置为复合箍筋。需要注意的是图中端柱断面图中未规定端柱伸出的翼缘长度，也没有在伸出的翼缘上布置箍筋，但不能因此断定构造边缘端柱就一定没有翼缘。

3）图 5-20（c）：构造边缘翼墙的长度≥墙厚，≥邻边墙厚且≥400mm。

4）图 5-20（d）：构造边缘转角墙每边长度 = 邻边墙厚 +200mm≥400mm。

要点 19：剪力墙插筋在基础中的锚固构造

墙插筋在基础中的锚固共有三种构造，如图 5-21 所示。

混凝土结构平法识图要点解析

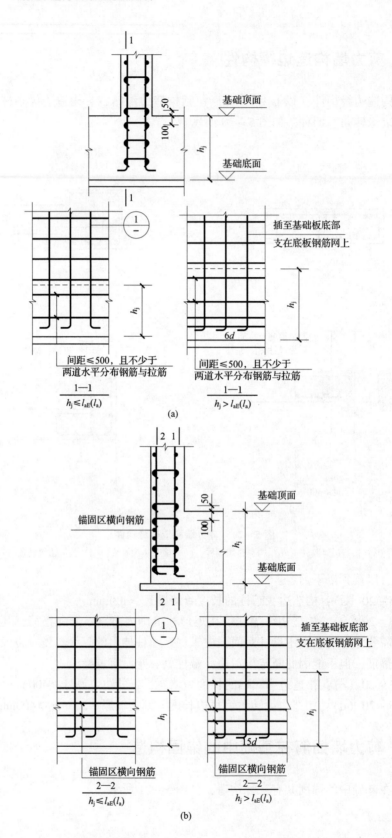

(a)

(b)

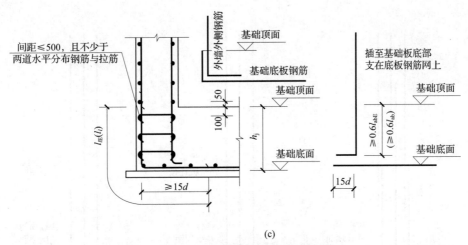

(c)

图 5 – 21　剪力墙插筋在基础中的锚固构造

（a）墙插筋保护层厚度 $>5d$；（b）墙外侧插筋保护层厚度 $\leqslant 5d$；（c）墙外侧纵筋与底板纵筋搭接

从图中可以读到以下内容：

1. 墙插筋保护层厚度 $>5d$

墙两侧插筋构造见"1—1"剖面，可分为下列两种情况：

1）$h_j > l_{aE}$（l_a）：墙插筋插至基础板底部支在底板钢筋网上，弯折 $6d$；墙插筋在柱内设置间距 $\leqslant 500\text{mm}$，且不小于两道水平分布筋与拉筋。

2）$h_j \leqslant l_{aE}$（l_a）：墙插筋插至基础板底部支在底板钢筋网上，且锚固垂直段 $\geqslant 0.6l_{abE}$（l_{ab}），弯折 $15d$；墙插筋在柱内设置间距 $\leqslant 500\text{mm}$，且不小于两道水平分布筋与拉筋。

2. 墙插筋保护层厚度 $\leqslant 5d$

墙内侧插筋构造见图 5 – 21（a）中"1—1"剖面，情况同上，不再赘述。

墙外侧插筋构造见"2—2"剖面，可分为下列两种情况：

1）$h_j > l_{aE}$（l_a）：墙插筋插至基础板底部支在底板钢筋网上，弯折 $15d$；墙插筋在柱内设置锚固横向钢筋，锚固区横向钢筋应满足"直径 $\geqslant d/4$（d 为插筋最大直径），间距 $\leqslant 10d$（d 为插筋最小直径）且 $\leqslant 100\text{mm}$"的要求。

2）$h_j \leqslant l_{aE}$（l_a）：墙插筋插至基础板底部支在底板钢筋网上，且锚固垂直段 $\geqslant 0.6l_{abE}$（l_{ab}），弯折 $15d$；墙插筋在柱内设置锚固横向钢筋，锚固区横向钢筋要求同上。

3. 墙外侧纵筋与底板纵筋搭接

基础底板下部钢筋弯折段应伸至基础顶面标高处，墙外侧纵筋插至板底后弯锚、与底板下部纵筋搭接"l_{lE}（l_l）"，且弯钩水平段 $\geqslant 15d$；墙插筋在基础内设置间距 $\leqslant 500\text{mm}$，且不少于两道水平分布筋与拉筋。

墙内侧纵筋的插筋构造同上。

要点 20：剪力墙边缘构件纵向钢筋连接构造

剪力墙边缘构件纵向钢筋连接构造如图 5 – 22 所示。

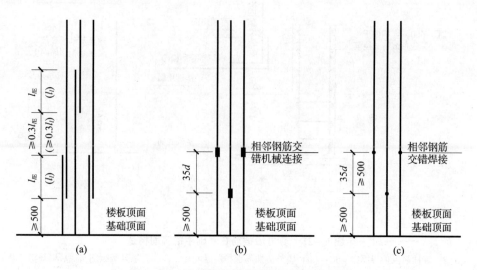

图 5 – 22　边缘构件钢筋纵向钢筋连接构造

（a）绑扎搭接；（b）机械连接；（c）焊接连接

从图中可以读到以下内容：

1）图 5 – 22（a）：剪力墙边缘构件纵向钢筋可在楼层层间任意位置搭接连接，搭接长度为 $1.2l_{aE}$，搭接接头错开距离 500mm，钢筋直径大于 28mm 时不宜采用搭接连接。

2）图 5 – 22（b）：当采用机械连接时，纵筋机械连接接头错开 $35d$；机械连接的连接点距离结构层顶面（基础顶面）或底面 $\geq$500mm。

3）图 5 – 22（c）：当采用焊接连接时，纵筋焊接连接接头错开 $35d$ 且 $\geq$500mm；焊接连接的连接点距离结构层顶面（基础顶面）或底面 $\geq$500mm。

要点 21：剪力墙连梁配筋构造

剪力墙在洞口处设置的连梁 LL，其上、下纵筋的锚固以及箍筋的设置如图 5 – 23 所示。

从图中可以读到以下内容：

1）l_a 和 l_{aE} 分别为非抗震和抗震设计时梁纵筋锚固长度。

2）箍筋的封闭位置可位于矩形截面的任何一角。

3）当端部洞口连梁纵向钢筋在端支座的直锚长度 $\geq l_{aE}$（$\geq l_a$）且 $\geq$600mm 时，可不必上（下）弯锚。

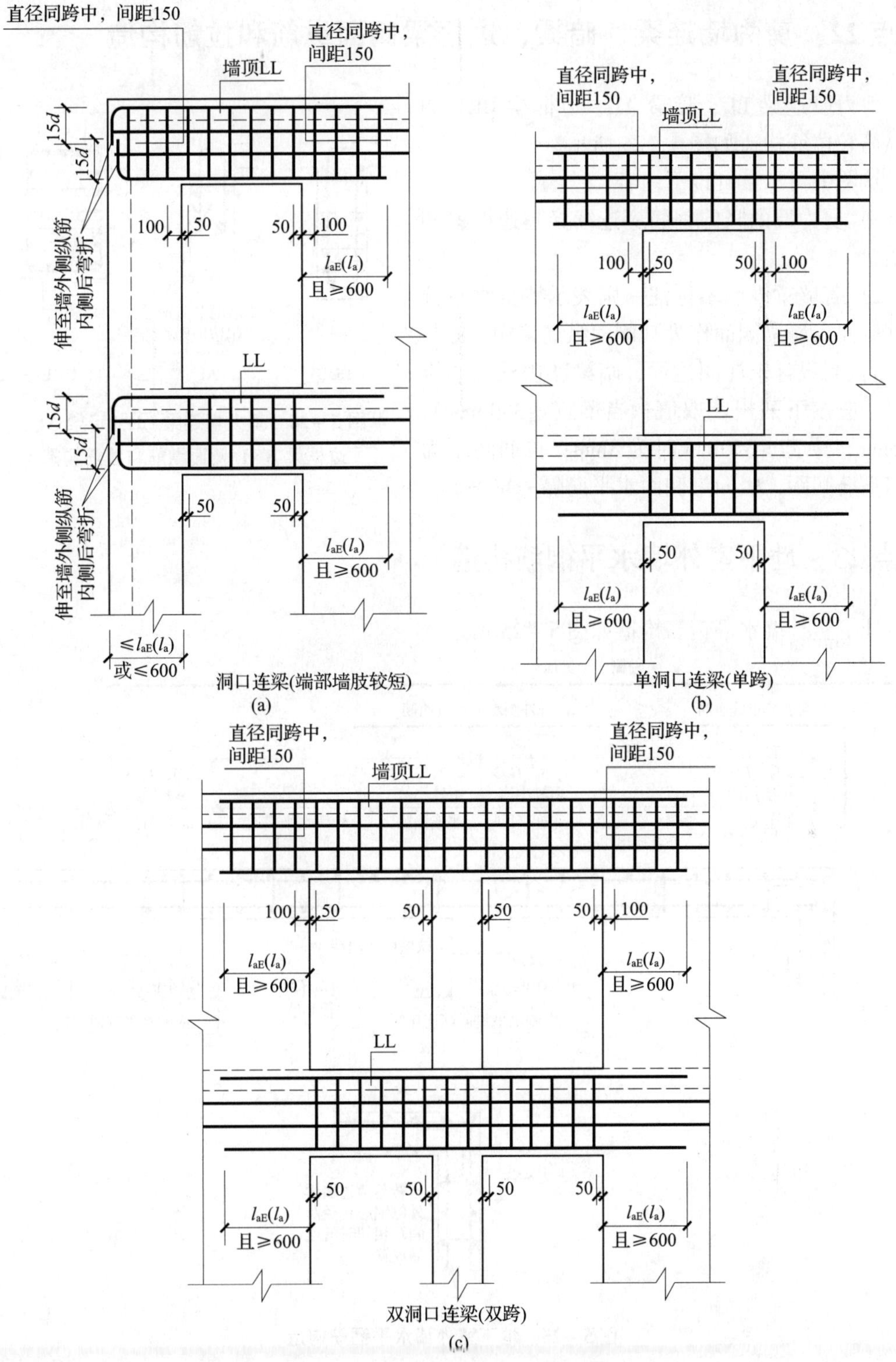

图 5－23　剪力墙连梁 LL 配筋构造

（a）墙端部洞口连梁构造；（b）墙中部洞口连梁构造；（c）双洞口连梁构造

要点 22：剪力墙连梁、暗梁、边框梁侧面纵筋和拉筋构造

剪力墙连梁 LL、暗梁 AL、边框梁 BKL 侧面纵筋和拉筋构造如图 5-24 所示。

从图中可以读到以下内容：

1）剪力墙的竖向钢筋应连续穿越边框梁和暗梁。

2）若墙梁纵筋不标注，则表示墙身水平分布筋可伸入墙梁侧面作为其侧面纵筋使用。

3）当设计未注明连梁、暗梁和边框梁的拉筋时，应按下列规定取值：当梁宽≤350mm 时为 6mm，梁宽>350mm 时为 8mm；拉筋间距为两倍箍筋间距，竖向沿侧面水平筋隔一拉一。

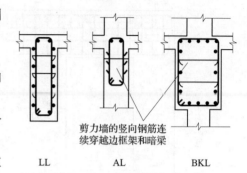

剪力墙的竖向钢筋连续穿越边框架和暗梁

LL　　　　AL　　　　BKL

图 5-24　剪力墙连梁 LL、暗梁 AL、边框梁 BKL 侧面纵筋和拉筋构造

要点 23：地下室外墙水平钢筋构造

地下室外墙水平钢筋构造如图 5-25 所示。

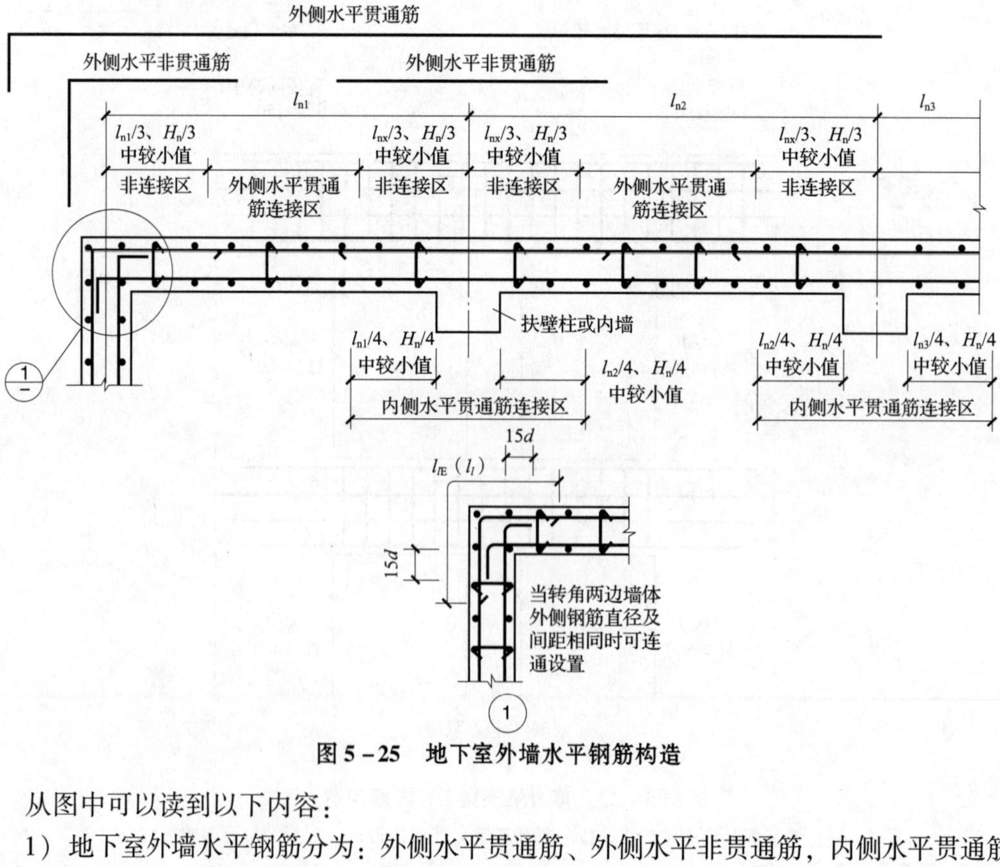

外侧水平贯通筋

外侧水平非贯通筋　　　　外侧水平非贯通筋

l_{n1}　　　　　　　　　　l_{n2}　　　l_{n3}

$l_{n1}/3$、$H_n/3$　　　$l_{nx}/3$、$H_n/3$　　$l_{nx}/3$、$H_n/3$　　　$l_{nx}/3$、$H_n/3$
中较小值　　　　中较小值　　　中较小值　　　　中较小值

非连接区　　外侧水平贯通　非连接区　　非连接区　　外侧水平贯通　　非连接区
　　　　　　筋连接区　　　　　　　　　　　　　　筋连接区

扶壁柱或内墙

$l_{n1}/4$、$H_n/4$　　　　　　　　$l_{n2}/4$、$H_n/4$　　　$l_{n3}/4$、$H_n/4$
中较小值　　　　　　　　　　中较小值　　　中较小值

$l_{n2}/4$、$H_n/4$
中较小值

内侧水平贯通筋连接区　　　　　　　内侧水平贯通筋连接区

15d

l_{aE} (l_a)

15d

当转角两边墙体外侧钢筋直径及间距相同时可连通设置

①

图 5-25　地下室外墙水平钢筋构造

从图中可以读到以下内容：

1）地下室外墙水平钢筋分为：外侧水平贯通筋、外侧水平非贯通筋，内侧水平贯通筋。

2）角部节点构造（"①"节点）：地下室外墙外侧水平筋在角部搭接，搭接长度"l_{lE}（l_l）"——"当转角两边墙体外侧钢筋直径及间距相同时可连通设置"；地下室外墙内侧水平筋伸至对边后弯 15d 直钩。

3）外侧水平贯通筋非连接区：端部节点"$l_{n1}/3$，$H_n/3$ 中较小值"，中间节点"$l_{nx}/3$，$H_n/3$ 中较小值"；外侧水平贯通筋连接区为相邻"非连接区"之间的部分（"l_{nx} 为相邻水平跨的较大净跨值，H_n 为本层层高"）。

要点 24：地下室外墙竖向钢筋构造

地下室外墙竖向钢筋构造如图 5－26 所示。

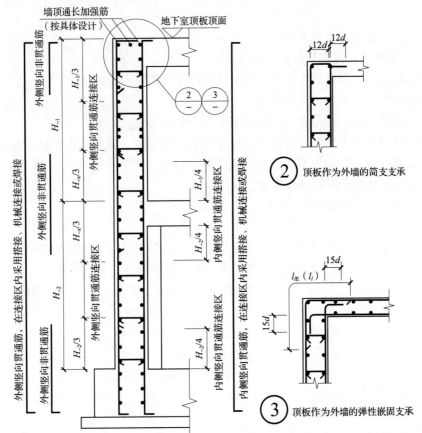

图 5－26　地下室外墙竖向钢筋构造

从图中可以读到以下内容：

1）地下室外墙竖向钢筋分为：外侧竖向贯通筋、外侧竖向非贯通筋，内侧竖向贯通筋，还有"墙顶通长加强筋"（按具体设计）。

2）角部节点构造：

"②"节点（顶板作为外墙的简支支承）：地下室外墙外侧和内侧竖向钢筋伸至顶板上部弯 12d 直钩。

"③"节点（顶板作为外墙的弹性嵌固支承）：地下室外墙外侧竖向钢筋与顶板上部纵筋搭接"l_{lE}（l_l）"；顶板下部纵筋伸至墙外侧后弯 $15d$ 直钩；地下室外墙内侧竖向钢筋伸至顶板上部弯 $15d$ 直钩。

3）外侧竖向贯通筋非连接区：底部节点"$H_{-2}/3$"，中间节点为两个"$H_{-x}/3$"，顶部节点"$H_{-1}/3$"；外侧竖向贯通筋连接区为相邻"非连接区"之间的部分（"H_{-x} 为 H_{-1} 和 H_{-2} 的较大值"）。

内侧竖向贯通筋连接区：底部节点"$H_{-2}/4$"，中间节点：楼板之下部分"$H_{-2}/4$"，楼板之上部分"$H_{-1}/4$"。

要点 25：剪力墙平法施工图识读实例

1. 剪力墙平法施工图的主要内容

剪力墙平法施工图主要包括以下内容：

1）图名和比例。剪力墙平法施工图的比例应与建筑平面图相同。

2）定位轴线及其编号、间距尺寸。

3）剪力墙柱、剪力墙身和剪力墙梁的编号、平面布置。

4）每一种编号剪力墙柱、剪力墙身和剪力墙梁的标高、截面尺寸、配筋情况。

5）必要的设计详图和说明（包括混凝土等的材料性能要求）。

2. 剪力墙平法施工图的识读步骤

剪力墙平法施工图识读步骤如下：

1）查看图名、比例。

2）校核轴线编号及其间距尺寸，要求必须与建筑图、基础平面图保持一致。

3）阅读结构设计总说明或图纸说明，明确剪力墙的混凝土强度等级。

4）与建筑图配合，明确各段剪力墙柱的编号、数量、位置；查阅剪力墙柱表或图中截面标注等，明确墙柱的截面尺寸、配筋形式、标高、纵筋和箍筋情况。再根据抗震等级、设计要求，查阅平法标准构造详图，确定纵向钢筋在转换梁等的锚固长度和连接构造。

5）所有洞口的上方必须设置连梁。与建筑图配合，明确各洞口上方连梁的编号、数量和位置；查阅剪力墙柱表或图中截面标注等，明确连梁的标高、截面尺寸、上部纵筋、下部纵筋和箍筋情况。再根据抗震等级与设计要求，查阅平法标准构造详图，确定连梁的侧面构造钢筋、纵向钢筋伸入剪力墙内的锚固要求、箍筋构造等。

6）与建筑图配合，明确各段剪力墙身的编号、位置；查阅剪力墙身表或图中截面标注等。明确各层各段剪力墙的厚度、水平分布钢筋、垂直分布钢筋和拉筋。再根据抗震等级与设计要求，查阅平法标准构造详图，确定剪力墙身水平钢筋、竖向钢筋的连接和锚固构造。

7）明确图纸说明的其他要求，包括暗梁的设置要求等。

3. 剪力墙平法施工图实例

在此，以标准层为例简单介绍剪力墙平法施工图的识读。

【例 5 - 7】 ××工程剪力墙平法施工图采用列表注写方式，为了图面简洁，将剪力墙墙柱、墙梁和墙身分别绘制在不同的平面布置图中。图 5 - 27 为××工程标准层墙柱平

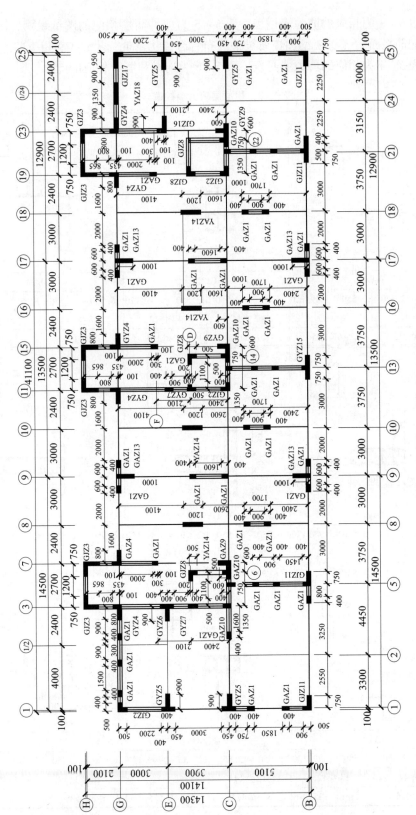

图 5 – 27 标准层墙柱平面布置图

面布置图，表5-3为相应的剪力墙柱表，表5-5为剪力墙柱相应的图纸说明，图5-28标准层顶梁配筋平面图（将墙梁和楼面梁平面布置合二为一），图5-29相应的连梁类型和连梁表，表5-4为相应的剪力墙身表，表5-6为连梁和墙身相应的图纸说明。

表5-3 标准层剪力墙柱表

截面			
编号	GAZ1		GJZ2		GJZ3	
标高	6.950~12.550	12.550~-49.120	6.950~12.550	12.550~-49.120	6.950~12.550	12.550~-49.120
纵筋	6⊈14	6⊈12	12⊈14	12⊈12	20⊈14	20⊈12
箍筋	φ8@125	φ6@125	φ8@125	φ6@125	φ8@125	φ6@125
截面			
编号	GYZ4		GYZ5		GYZ6	
标高	6.950~12.550	12.550~-49.120	6.950~12.550	12.550~-49.120	6.950~12.550	12.550~-49.120
纵筋	16⊈14	16⊈12	22⊈14	22⊈12	22⊈14	22⊈12
箍筋	φ8@125	φ6@125	φ8@125	φ6@125	φ8@125	φ6@125
截面			
编号	GYZ7		GYZ8		GYZ9	
标高	6.950~12.550	12.550~-49.120	6.950~12.550	12.550~-49.120	6.950~12.550	12.550~-49.120
纵筋	14⊈14	14⊈12	12⊈14	12⊈12	26⊈14	26⊈12
箍筋	φ8@125	φ6@125	φ8@125	φ6@125	φ8@125	φ6@125

续表 5 - 3

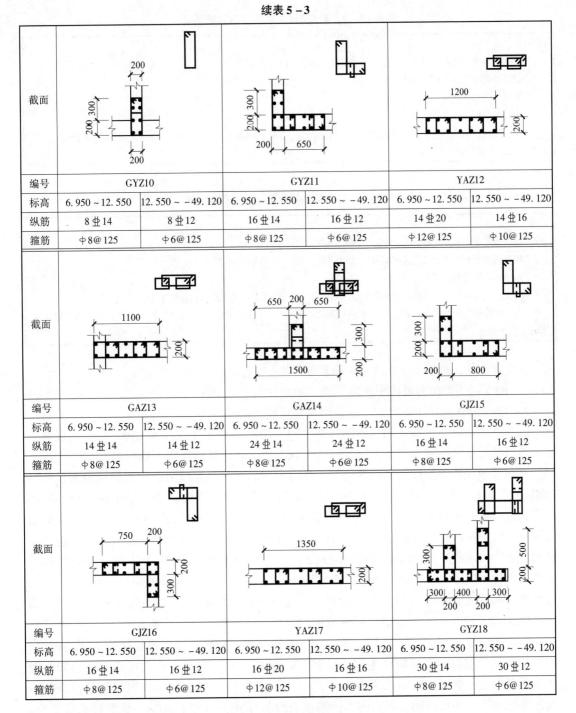

截面	GYZ10		GYZ11		YAZ12	
编号	GYZ10		GYZ11		YAZ12	
标高	6.950 ~ 12.550	12.550 ~ -49.120	6.950 ~ 12.550	12.550 ~ -49.120	6.950 ~ 12.550	12.550 ~ -49.120
纵筋	8 ⊕ 14	8 ⊕ 12	16 ⊕ 14	16 ⊕ 12	14 ⊕ 20	14 ⊕ 16
箍筋	Φ8@125	Φ6@125	Φ8@125	Φ6@125	Φ12@125	Φ10@125
编号	GAZ13		GAZ14		GJZ15	
标高	6.950 ~ 12.550	12.550 ~ -49.120	6.950 ~ 12.550	12.550 ~ -49.120	6.950 ~ 12.550	12.550 ~ -49.120
纵筋	14 ⊕ 14	14 ⊕ 12	24 ⊕ 14	24 ⊕ 12	16 ⊕ 14	16 ⊕ 12
箍筋	Φ8@125	Φ6@125	Φ8@125	Φ6@125	Φ8@125	Φ6@125
编号	GJZ16		YAZ17		GYZ18	
标高	6.950 ~ 12.550	12.550 ~ -49.120	6.950 ~ 12.550	12.550 ~ -49.120	6.950 ~ 12.550	12.550 ~ -49.120
纵筋	16 ⊕ 14	16 ⊕ 12	16 ⊕ 20	16 ⊕ 16	30 ⊕ 14	30 ⊕ 12
箍筋	Φ8@125	Φ6@125	Φ12@125	Φ10@125	Φ8@125	Φ6@125

表 5 - 4 剪力墙身表

墙 号	水平分布钢筋	垂直分布钢筋	拉 筋	备 注
Q1	⊕12@250	⊕12@250	⊕8@500	3、4 层
Q2	⊕10@250	⊕10@250	⊕8@500	5 ~ 16 层

混凝土结构平法识图要点解析

表5-5 标准层墙柱平面布置图图纸说明

说明：

1. 剪力墙、框架柱除标注外，混凝土等级均为 C30；
2. 钢筋采用 HPB300 (Φ)、HRB335 (Φ)；
3. 墙水平筋伸入暗柱；
4. 剪力墙上留洞不得穿过暗柱；
5. 本工程暗柱配筋采用平面接体表示法（简称平法），选自 11G101-1 图集，施工人员必须阅读图集说明，理解各种规定，严格按设计要求施工。

表5-6 标准层顶梁配筋平面图图纸说明

说明：

1. 混凝土等级 C30，钢筋采用 HPB300 (Φ)、HRB335 (Φ)；
2. 所有混凝土剪力墙上楼层板顶标高（建筑标高 -0.05m）处均设暗梁；
3. 未注明墙均为 Q1，称轴线分中；
4. 未注明主次梁相交处的次梁两侧各加设 3 根间距 50mm、直径同主梁箍筋直径的箍筋；
5. 未注明处梁配筋及墙梁配筋见 11G101-1 图集，施工人员必须阅读图集说明，理解各种规定，严格按设计要求施工。

从图 5-27、表 5-3、表 5-5 可以读到以下内容：

1）图 5-27 为剪力墙柱平法施工图，绘制比例为 1:100。

2）轴线编号及其间距尺寸与建筑图、墙支柱平面布置图一致。

阅读结构设计总说明或图纸说明可知，剪力墙混凝土强度等级为 C30。一、二层剪力墙及转换层以上两层剪力墙，抗震等级为三级，以上各层抗震等级为四级。

对照建筑图和顶梁配筋平面图可知，在剪力墙的两端及洞口两侧按要求设置边缘构件（即暗柱、端柱、翼墙和转角墙），图中共 18 类边缘构件，其中构造边缘暗柱 GAZ1 共 40 根，构造边缘转角柱 GJZ2、构造边缘翼柱 GYZ9 各 3 根，构造边缘转角柱 GJZ3、构造边缘翼柱 GYZ4 各 6 根，构造边缘翼柱 GYZ5、构造边缘转角柱 GJZ8 和 GJZ11、构造边缘暗柱 GAZ10 和 GAZ13、约束边缘暗柱 YAZ12 各 4 根，构造边缘翼柱 GYZ6 和 GYZ15、构造边缘转角柱 GJZ16 和 GJZ17、约束边缘暗柱 YAZ18 各 1 根，构造边缘翼柱 GYZ7 共 2 根。查阅剪力墙柱表知各边缘构件的截面尺寸、配筋形式，6.950m ~ 12.550m（3、4 层）和 12.550m ~ 49.120m（5 ~ 16 层）标高范围内的纵向钢筋和箍筋的数值。

因转换层以上两层（3、4 层）剪力墙，抗震等级为三级，以上各层抗震等级为四级，根据《高层建筑混凝土结构技术规程》JGJ 3—2010，并查阅平法标准构造详图可知，墙体竖向钢筋在转换梁内锚固长度不小于 l_{aE}（31d）。墙柱、小墙肢的竖向钢筋与箍筋构造与框架柱相同，为保证同一截面内的钢筋接头面积百分率不大于 50%，钢筋接头应错开，各层连接构造见图 5-22 绑扎搭接构造图，纵向钢筋的搭接长度为 $1.4l_{aE}$，其中 3、4 层（标高 6.950m ~ 12.550m）纵向钢筋锚固长度为 31d，5 ~ 16 层（标高 12.550m ~ 49.120m）纵向钢筋锚固长度为 30d。

从图 5-28、图 5-29、表 5-4、表 5-6 可以读到以下内容：

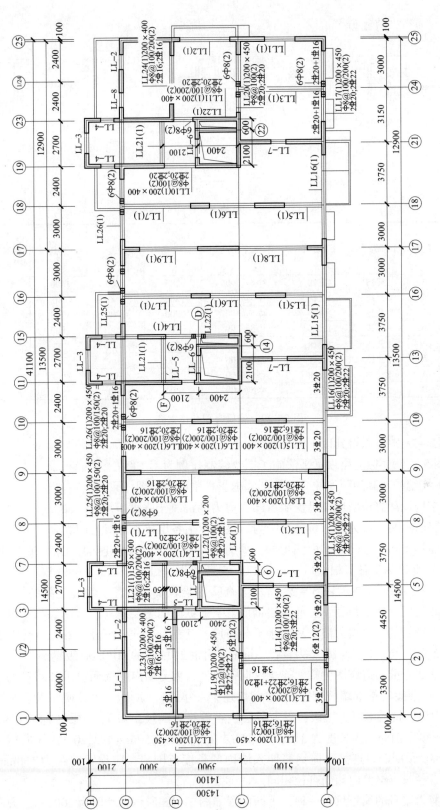

图 5-28 标准层顶梁配筋平面图

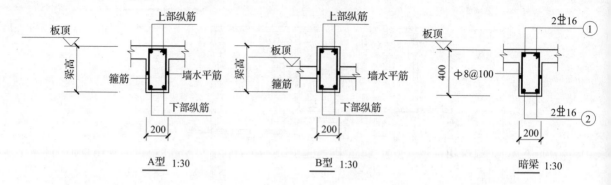

图 5-29 连梁类型和连梁表

连梁表

梁号	类型	上部纵筋	下部纵筋	梁箍筋	梁宽	跨度	梁高	梁底标高(相对本层顶板结构标高,下沉为正)
LL-1	B	2⊈25	2⊈25	Φ8@100	200	1500	1400	450
LL-2	A	2⊈18	2⊈18	Φ8@100	200	900	450	450
LL-3	B	2⊈25	2⊈25	Φ8@100	200	1200	1300	1800
LL-4	B	4⊈20	4⊈20	Φ8@100	200	800	1800	0
LL-5	A	2⊈18	2⊈18	Φ8@100	200	900	750	750
LL-6	A	2⊈18	2⊈18	Φ8@100	200	1100	580	580
LL-7	A	2⊈18	2⊈18	Φ8@100	200	900	750	750
LL-8	B	2⊈25	2⊈25	Φ8@100	200	900	1800	1350

从图 5-28 中可以得到以下内容:

1)图 5-28 为标准层顶梁平法施工图,绘制比例为 1:100。

2)轴线编号及其间距尺寸与建筑图、框支柱平面布置图一致。

阅读结构设计总说明或图纸说明可知,剪力墙混凝土强度等级为 C30。一、二层剪力墙及转换层以上两层剪力墙,抗震等级为三级,以上各层抗震等级为四级。

对照建筑图和顶梁配筋平面图可知,所有洞口的上方均设有连梁,图中共 8 种连梁,其中 LL-1 和 LL-8 各 1 根,LL-2 和 LL-5 各 2 根,LL-3、LL-6 和 LL-7 各 3 根,LL-4 共 6 根,平面位置如图 5-28 所示。查阅连梁表可知,各个编号连梁的梁底标高、截面宽度和高度、连梁跨度、上部纵向钢筋、下部纵向钢筋及箍筋。从图 5-29 可知,连梁的侧面构造钢筋即为剪力墙配置的水平分布筋,其在 3、4 层为直径 12mm、间距 250mm 的 HRB335 级钢筋,在 5~16 层为直径 10mm、间距 250mm 的 HPB300 级钢筋。

查阅平法标准构造详图可知,连梁纵向钢筋伸入剪力墙内的锚固要求和箍筋构造如图 5-23 [洞口连接(端部墙肢较短),单洞口连梁(单跨)] 所示。因转换层以上两层(3、4 层)剪力墙,抗震等级为三级,以上各层抗震等级为四级,知 3、4 层(标高 6.950m~12.550m)纵向钢筋锚固长度为 31d,5~16 层(标高 12.550m~49.120m)纵向钢筋锚固长度为 30d。顶层洞口连梁纵向钢筋伸入墙内的长度范围内,应设置间距为 150mm 的箍筋,箍筋直径与连梁跨内箍筋直径相同。

图中剪力墙身的编号只有一种,平面位置如图 5-28 所示,墙厚为 200mm。查阅剪力墙身表可知，剪力墙水平分布钢筋和垂直分布钢筋均相同，在3、4层直径为12mm、间距为250mm的HRB335级钢筋，在5~16层直径为10mm、间距为250mm的HPB300级钢筋。拉筋直径为8mm的HPB300级钢筋，间距为500mm。

查阅11G101-1图集可知，剪力墙身水平分布筋的锚固和搭接构造见图5-8（翼墙）、图5-9（转角墙）、图5-10（端部无暗柱时剪力墙水平钢筋端部做法）、图5-12（剪力墙水平钢筋交错搭接）构造图，剪力墙身竖向分布筋的顶层锚固、搭接和拉筋构造如图5-16、图5-14（d）、图5-30所示。因转换层以上两层（3、4层）剪力墙，抗震等级为三级，以上各层抗震等级为四级，知3、4层（标高6.950m~12.550m）墙身竖向钢筋在转换梁内的锚固长度不小于 l_{aE}，水平分布筋锚固长度 l_{aE} 为31d，5~16层（标高12.550m~49.120m）水平分布筋锚固长度 l_{aE} 为24d，各层搭接长度为1.4l_{aE}；3、4层（标高6.950m~12.550m）水平分布筋锚固长度 l_{aE} 为31d，5~16层（标高12.550m~49.120m）水平分布筋锚固长度 l_{aE} 为24d，各层搭接长度为1.6l_{aE}。

根据图纸说明，所有混凝土剪力墙上楼层板顶标高处均设暗梁，梁高400mm，上部纵向钢筋和下部纵向钢筋同为两根直径16mm的HRB335级钢筋，箍筋直径为8mm、间距为100mm的HPB300级钢筋，梁侧面构造钢筋即为剪力墙配置的水平分布筋，在3、4层设直径为12mm、间距为250mm的HRB335级钢筋，在5~16层设直径为10mm、间距为250mm的HPB300级钢筋。

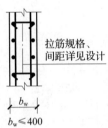

拉筋规格、
间距详见设计

b_w

$b_w \leqslant 400$

图5-30 剪力墙双排配筋

b_w—剪力墙垂直方向的厚度

第6章 梁平法识图

要点1：梁平面注写方式

梁的平面注写方式，系在梁平面布置图上，分别在不同编号的梁中各选一根梁，在其上注写截面尺寸及配筋具体数值的方式来表达梁平法施工图，如图6-1所示。

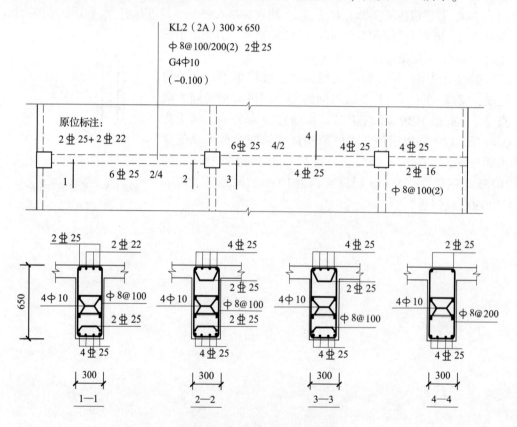

图6-1 梁构件平面注写方式

平面注写包括集中标注与原位标注，集中标注表达梁的通用数值，原位标注表达梁的特殊数值。当集中标注中的某项数值不适用于梁的某部位时，则将该项数值原位标注，施工时，原位标注取值优先。

1. 集中标注

集中标注包括以下内容：

（1）梁编号

梁编号为必注值，表达形式见表6-1。

表6-1 梁编号

梁 类 型	代 号	序 号	跨数及是否带有悬挑
楼层框架梁	KL	xx	（xx）、（xxA）或（xxB）
屋面框架梁	WKL	xx	（xx）、（xxA）或（xxB）
非框架梁	L	xx	（xx）、（xxA）或（xxB）
框支梁	KZL	xx	（xx）、（xxA）或（xxB）
悬挑梁	XL	xx	
井字梁	JZL	xx	（xx）、（xxA）或（xxB）

注：（xxA）为一端有悬挑，（xxB）为两端有悬挑，悬挑不计入跨数。井字梁的跨数见有关内容。

（2）梁截面尺寸

截面尺寸的标注方法如下：

当为等截面梁时，用 $b \times h$ 表示；

当为竖向加腋梁时，用 $b \times h \, \mathrm{GY} c_1 \times c_2$ 表示，其中 c_1 表示腋长，c_2 表示腋高，见图6-2。

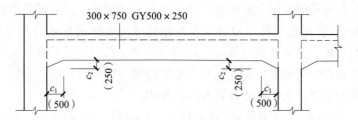

图6-2 竖向加腋梁标注

当为水平加腋梁时，用 $b \times h \, \mathrm{PY} c_1 \times c_2$ 表示，其中 c_1 表示腋长，c_2 表示腋宽，见图6-3。

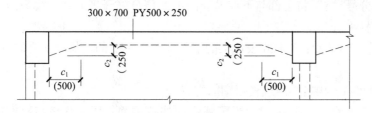

图6-3 水平加腋梁标注

当有悬挑梁且根部和端部的高度不同时，用斜线分隔根部与端部的高度值，即为 $b \times h_1 / h_2$，见图6-4。

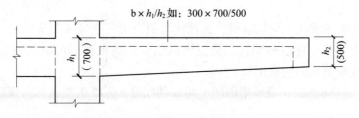

图6-4 悬挑梁不等高截面标注

（3）梁箍筋

梁箍筋，包括钢筋级别、直径、加密区与非加密区间距及肢数，该项为必注值。箍筋加密区与非加密区的不同间距及肢数需用斜线"/"分隔；当梁箍筋为同一种间距及肢数时，则不需用斜线；当加密区与非加密区的箍筋肢数相同时，则将肢数注写一次；箍筋肢数应写在括号内。加密区范围见相应抗震等级的标准构造详图。

【例6-1】　φ10@100/200（4），表示箍筋为HPB300级钢筋，直径φ10，加密区间距为100mm，非加密区间距为200mm，均为四肢箍。

当抗震设计中的非框架梁、悬挑梁、井字梁，及非抗震设计中的各类梁采用不同的箍筋间距及肢数时，也用斜线"/"将其分隔开来。注写时，先注写梁支座端部的箍筋（包括箍筋的箍数、钢筋级别、直径、间距与肢数），在斜线后注写梁跨中部分的箍筋间距及肢数。

【例6-2】　18φ12@150（4）/200（2），表示箍筋为HPB300级钢筋，直径φ12；梁的两端各有18个四肢箍，间距为150mm；梁跨中部分，间距为200mm，双肢箍。

（4）梁上部通长筋或架立筋

梁构件的上部通长筋或架立筋配置（通长筋可为相同或不同直径采用搭接连接、机械连接或焊接的钢筋），所注规格与根数应根据结构受力要求及箍筋肢数等构造要求而定。当同排纵筋中既有通长筋又有架立筋时，应用加号"+"将通长筋和架立筋相连。注写时需将角部纵筋写在加号的前面，架立筋写在加号后面的括号内，以示不同直径及与通长筋的区别。当全部采用架立筋时，则将其写入括号内。

【例6-3】　2Φ22用于双肢箍；2Φ22+（4φ12）用于六肢箍，其中2Φ22为通长筋，4φ12为架立筋。

当梁的上部纵筋和下部纵筋为全跨相同，且多数跨配筋相同时，此项可加注下部纵筋的配筋值，用分号"；"将上部与下部纵筋的配筋值分隔开来表达。少数跨不同者，则将该项数值原位标注。

【例6-4】　3Φ22；3Φ20表示梁的上部配置3Φ22的通长筋，梁的下部配置3Φ20的通长筋。

（5）梁侧面纵向构造钢筋或受扭钢筋配置

当梁腹板高度$h_w \geqslant 450$mm时，需配置纵向构造钢筋，所注规格与根数应符合规范规定。此项注写值以大写字母G打头，接续注写设置在梁两个侧面的总配筋值，且对称配置。

【例6-5】　G4φ12，表示梁的两个侧面共配置4φ12的纵向构造钢筋，每侧各配置2φ12。

当梁侧面需配置受扭纵向钢筋时，此项注写值以大写字母N打头，接续注写配置在梁两个侧面的总配筋值，且对称配置。受扭纵向钢筋应满足梁侧面纵向构造钢筋的间距要求，且不再重复配置纵向构造钢筋。

【例6-6】　N6Φ22，表示梁的两个侧面共配置6Φ22的受扭纵向钢筋，每侧各配置3Φ22。

注：1. 当为梁侧面构造钢筋时，其搭接与锚固长度可取为15d。

2. 当为梁侧面受扭纵向钢筋时，其搭接长度为 l_l 或 l_{lE}（抗震），锚固长度为 l_a 或 l_{aE}（抗震）；其锚固方式同框架梁下部纵筋。

（6）梁顶面标高高差

梁顶面标高高差，系指相对于结构层楼面标高的高差值，对于位于结构夹层的梁，则指相对于结构夹层楼面标高的高差。有高差时，需将其写入括号内，无高差时不注。

注：当某梁的顶面高于所在结构层的楼面标高时，其标高高差为正值，反之为负值。

2. 原位标注

原位标注的内容包括：

（1）梁支座上部纵筋

梁支座上部纵筋，是指标注该部位含通长筋在内的所有纵筋。

1）当上部纵筋多于一排时，用斜线"/"将各排纵筋自上而下分开。

2）当同排纵筋有两种直径时，用"+"将两种直径的纵筋相连，注写时角筋写在前面。

3）当梁中间支座两边的上部纵筋不同时，须在支座两边分别标注；当梁中间支座两边的上部纵筋相同时，可仅在支座的一边标注配筋值，另一边省去不注，见图 6-5。

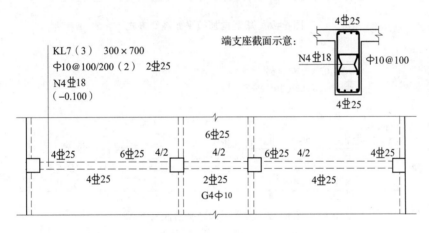

图 6-5　梁中间支座两边的上部纵筋相同注写方式

（2）梁下部纵筋

1）当下部纵筋多于一排时，用斜线"/"将各排纵筋自上而下分开。

2）当同排纵筋有两种直径时，用加号"+"将两种直径的纵筋相连，注写时角筋写在前面。

3）当梁下部纵筋不全部伸入支座时，将梁支座下部纵筋减少的数量写在括号内。

【例 6-7】　梁下部纵筋注写为 6 ⽣25　2（-2）/4，表示上排纵筋为 2 ⽣25，且不伸入支座；下一排纵筋为 4 ⽣25，全部伸入支座。

梁下部纵筋注写为 2 ⽣25 + 3 ⽣22（-3）/5 ⽣25，表示上排纵筋为 2 ⽣25 和 3 ⽣22，其中 3 ⽣22 不伸入支座；下一排纵筋为 5 ⽣25，全部伸入支座。

4）当梁的集中标注中已分别注写了梁上部和下部均为通长的纵筋值时，则不需在梁下部重复做原位标注。

5）当梁设置竖向加腋时，加腋部位下部斜纵筋应在支座下部以 Y 打头注写在括号内（见图 6－6），图集中框架梁竖向加腋结构适用于加腋部位参与框架梁计算，其他情况设计者应另行给出构造。当梁设置水平加腋时，水平加腋内上、下部斜纵筋应在加腋支座上部以 Y 打头注写在括号内，上下部斜纵筋之间用"／"分隔（见图 6－7）。

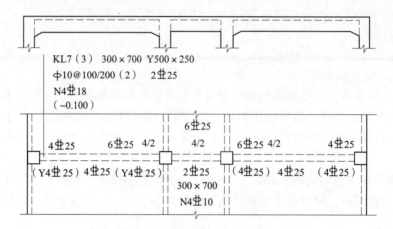

图 6－6　梁竖向加腋平面注写方式

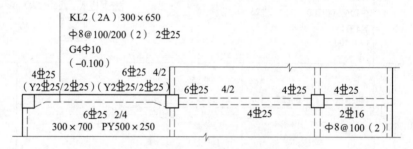

图 6－7　梁水平加腋平面注写方式

（3）修正内容

当在梁上集中标注的内容（即梁截面尺寸、箍筋、上部通长筋或架立筋，梁侧面纵向构造钢筋或受扭纵向钢筋，以及梁顶面标高高差中的某一项或几项数值）不适用于某跨或某悬挑部分时，则将其不同数值原位标注在该跨或该悬挑部位，施工时应按原位标注数值取用。

当在多跨梁的集中标注中已注明加腋，而该梁某跨的根部却不需要加腋时，则应在该跨原位标注等截面的 $b \times h$，以修正集中标注中的加腋信息（见图 6－6）。

（4）附加箍筋或吊筋

平法标注是将其直接画在平面图中的主梁上，用线引注总配筋值（附加箍筋的肢数注在括号内）（见图 6－8）。当多数附加箍筋或吊筋相同时，可在梁平法施工图上统一注明，少数与统一注明值不同时，再原位引注。

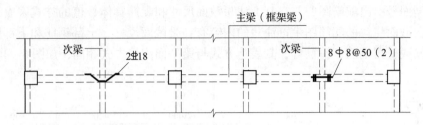

图6-8　附加箍筋和吊筋的画法示例

3．井字梁注写方式

井字梁通常由非框架梁构成，并以框架梁为支座（特殊情况下以专门设置的非框架大梁为支座）。在此情况下，为明确区分井字梁与作为井字梁支座的梁，井字梁用单粗虚线表示（当井字梁顶面高出板面时可用单粗实线表示），作为井字梁支座的梁用双细虚线表示（当梁顶面高出板面时可用双细实线表示）。

井字梁系指在同一矩形平面内相互正交所组成的结构构件，井字梁所分布范围称为"矩形平面网格区域"（简称"网格区域"）。当在结构平面布置中仅有由四根框架梁框起的一片网格区域时，所有在该区域相互正交的井字梁均为单跨；当有多片网格区域相连时，贯通多片网格区域的井字梁为多跨，且相邻两片网格区域分界处即为该井字梁的中间支座。对某根井字梁编号时，其跨数为其总支座数减1；在该梁的任意两个支座之间，无论有几根同类梁与其相交，均不作为支座（见图6-9）。

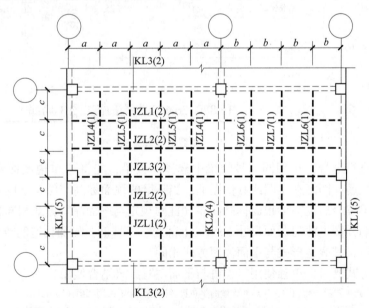

图6-9　井字梁矩形平面网格区域

要点2：梁截面注写方式

梁截面注写方式是在分标准层绘制的梁平面布置图上，分别在不同编号的梁中各选择一根梁用剖面号引出配筋图，并在其上注写截面尺寸和配筋具体数值的方式来表达梁平法施工图。在截面注写的配筋图中可注写的内容有：梁截面尺寸、上部钢筋和下部钢筋、侧面构造钢筋或受扭钢筋、箍筋等，其表达方式与梁平面注写方式相同，如图 6 – 10 所示。

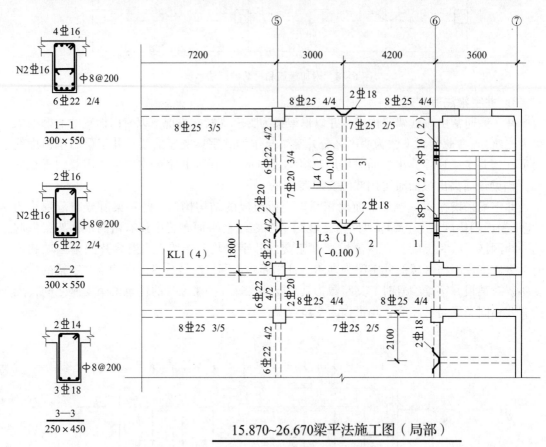

15.870~26.670梁平法施工图（局部）

图 6 – 10　梁截面注写方式

对所有梁进行编号，从相同编号的梁中选择一根梁，先将"单边截面号"画在该梁上，再将截面配筋详图画在本图或其他图上。当某梁的顶面标高与结构层的楼面标高不同时，尚应继其梁编号后注写梁顶面标高高差（注写规定与平面注写方式相同）。

在截面配筋详图上注写截面尺寸 $b \times h$、上部筋、下部筋、侧面构造筋或受扭筋以及箍筋的具体数值时，其表达形式与平面注写方式相同。

截面注写方式既可以单独使用，也可与平面注写方式结合使用。

注：在梁平法施工图的平面图中，当局部区域的梁布置过密时，除了采用截面注写方式表达外，也可将加密区用虚线框出，适当放大比例后再用平面注写方式表示。当表达异形截面梁的尺寸与配筋时，用截面注写方式相对比较方便。

要点 3：**"上部通长筋为梁集中标注的必注项"** 的原因

框架梁不可能没有"上部通长筋"。这是因为框架梁在设计时要考虑抗震作用，根据抗震规范要求至少配置两根直径不小于14mm的上部通长筋（这两根上部通长筋绑扎在箍筋角部）。因此，上部通长筋系为抗震而设，基本上与跨度及所受竖向荷载无关。

要点4："下部通长筋为梁集中标注的选注项"的原因

下部通长筋系为抵抗正弯矩而设，与竖向荷载和跨度有直接的关系。这与梁的支座负弯矩筋相似，支座负弯矩筋是为抵抗负弯矩而设的。因此，下部通长筋与上部支座负弯矩筋属于同一类，而与上部通长筋不属一类。因此，要将下部纵筋定为"集中标注"的有条件的选注项。

在实际工程中，各跨梁的下部纵筋的钢筋规格和根数不一定相同，所以当它们各跨不同的时候，就不可能存在"下部通长筋"，仅在各跨梁的下部纵筋存在"相同部分"时，才会有可能在集中标注中定义"下部通长筋"。

要点5：抗震楼层框架梁纵向钢筋构造

抗震楼层框架梁纵向钢筋的构造要求包括：上部纵筋构造、下部纵筋构造和节点锚固要求，如图6-11所示。其主要内容有：

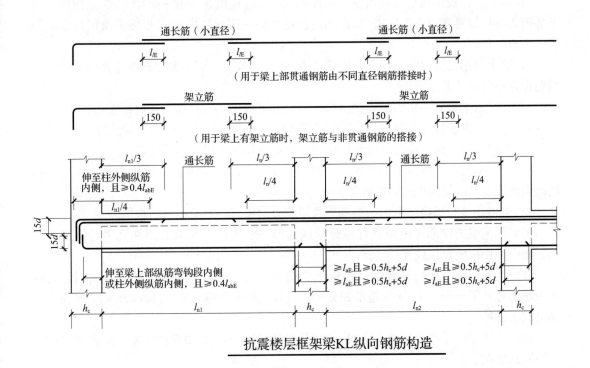

抗震楼层框架梁KL纵向钢筋构造

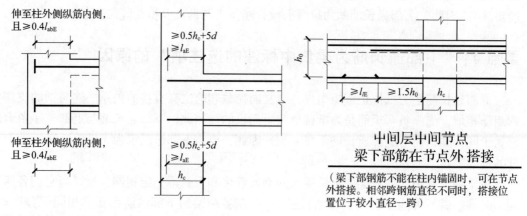

伸至柱外侧纵筋内侧，
且 $\geq 0.4l_{abE}$

伸至柱外侧纵筋内侧，
且 $\geq 0.4l_{abE}$

$\geq 0.5h_c + 5d$
$\geq l_{aE}$

$\geq 0.5h_c + 5d$
$\geq l_{aE}$
h_c

h_0

$\geq l_{lE}$ $\geq 1.5h_0$ h_c

中间层中间节点
梁下部筋在节点外搭接

（梁下部钢筋不能在柱内锚固时，可在节点
外搭接。相邻跨钢筋直径不同时，搭接位
置位于较小直径一跨）

端支座加锚头（锚板）锚固   端支座直锚

图 6-11 抗震楼层框架梁 KL 纵向钢筋标准构造

从图中可以读到以下内容：

1）跨度值 l_n 为左跨 l_{ni} 和右跨 l_{ni+1} 之较大值，其中 $i=1$、2、3…。

2）图中 h_c 为柱截面沿框架方向的高度，如图注。

3）梁上部通长钢筋与非贯通钢筋直径相同时，连接位置宜位于跨中 $l_{ni}/3$ 范围内；梁下部钢筋连接位置宜位于支座 $l_{ni}/3$ 范围内；且在同一连接区段内钢筋接头面积百分率不宜大于 50%。

4）梁上部第二排钢筋的截断点距柱边 $l_{n1}/4$ 或 $l_n/4$；当梁上部设有第三排钢筋时，其截断位置应由设计者注明。

5）一级框架梁宜采用机械连接，二、三、四级可采用绑扎搭接或焊接连接。

6）当受拉钢筋直径 >25mm 及受压钢筋直径 >28mm 时，不宜采用绑扎搭接。

7）凡接头中点位于连接区段长度内，连接接头均属于同一连接区段。

8）同一连接区段内纵向钢筋接头面积百分率，为该区段内有连接接头的纵向受力钢筋截面面积与全部纵向钢筋截面面积的比值。

9）机械连接和焊接接头的类型和质量应符合国家现行有关标准的规定。

10）纵向受力钢筋连接位置宜避开梁端的箍筋加密区。如果必须在此进行钢筋的连接，则应采用机械连接或焊接连接。

11）当梁纵筋（不包括侧面 G 打头的构造筋及架立筋）采用绑扎搭接接长时，搭接区内箍筋直径不小于 $d/4$，d 为搭接钢筋最大直径，间距不应大于 100mm 及 5d（d 为搭接钢筋较小直径）。

12）本图适应于梁的各跨截面尺寸均相同的情况，不包括中间支座左右跨的梁高或梁宽不同的情况。

13）梁上部和下部纵筋在框架中间层的端支座处的锚固有弯锚、直锚或加锚板三种形式。

要点6：屋面框架梁端纵向钢筋构造

屋面框架梁纵筋构造要求如图6-12所示。

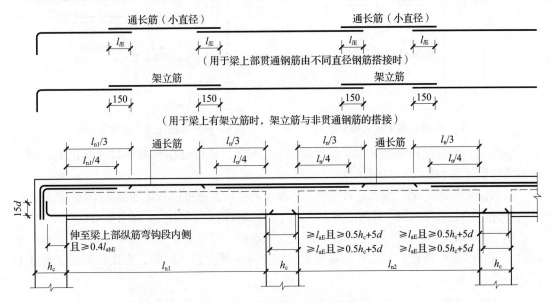

图6-12 屋面框架梁纵筋构造

从图中可以读到以下内容：

1）梁上下部通长纵筋的构造。上部通长纵筋伸至尽端弯折伸至梁底，下部通长纵筋伸至梁上部纵筋弯钩段内侧，弯折15d，锚入柱内的水平段均应≥0.4l_{abE}；当柱宽度较大时，上部纵筋和下部纵筋在中间支座处伸入柱内的直锚长度≥l_{aE}且≥0.5h_c+d（h_c为柱截面沿框架方向的高度，d为钢筋直径）。

2）端支座负筋的延伸长度：第一排支座负筋从柱边开始延伸至$l_{n1}/3$位置；第二排支座负筋从柱边开始延伸至$l_{n1}/4$位置（l_{n1}为边跨的净跨长度）。

3）中间支座负筋的延伸长度：第一排支座负筋从柱边开始延伸至$l_n/3$位置；第二排支座负筋从柱边开始延伸至$l_n/4$位置（l_n为支座两边的净跨长度l_{n1}和l_{n2}的最大值）。

4）当梁上部贯通钢筋由不同直径搭接时，通长筋与支座负筋的搭接长度为l_{lE}。

5）当梁上有架立筋时，架立筋与非贯通钢筋搭接，搭接长度为150mm。

6）屋面楼层框梁下部纵筋在端支座的锚固要求有：

① 直锚形式。屋面框架梁中，当柱截面沿框架方向的高度，h_c比较大，即h_c减柱保护层c大于或等于纵向受力钢筋的最小锚固长度时，下部纵筋在端支座可以采用直锚形式。直锚长度取值应满足条件 max（l_{aE}，0.5h_c+5d），如图6-13所示。

②弯锚形式。当柱截面沿框架方向的高度h_c比较小，即h_c减柱保护层c小于纵向受力钢筋的最小锚固长度时，纵筋在端支座应采用弯锚形式。下部纵筋伸入梁柱节点的锚固要求为水平长度取值≥0.4l_{abE}，竖直长度15d。通常，弯锚的纵筋伸至柱截面外侧钢筋的内侧，如图6-14所示。

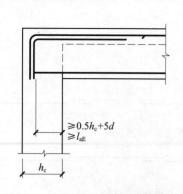

图 6-13　纵筋在端支座直锚构造

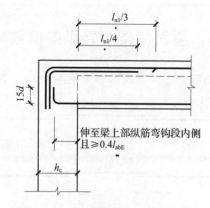

图 6-14　纵筋在端支座弯锚构造

应注意：弯折锚固钢筋的水平长度取值 $\geq 0.4l_{abE}$，是设计构件截面尺寸和配筋时要考虑的条件而不是钢筋量计算的依据。

③加锚头/锚板形式。屋面框架梁中，下部纵筋在端支座可以采用加锚头/锚板锚固形式。锚头/锚板伸至柱截面外侧纵筋的内侧，且锚入水平长度取值 $\geq 0.4l_{abE}$，如图 6-15 所示。

7）屋面框架梁下部纵筋在中间支座节点外搭接。屋面框架梁下部纵筋不能在柱内锚固时，可在节点外搭接，如图 6-16 所示。相邻跨钢筋直径不同时，搭接位置位于较小直径的一跨。

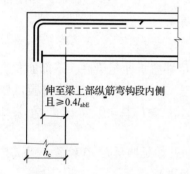

图 6-15　纵筋在端支座加
锚头/锚板构造

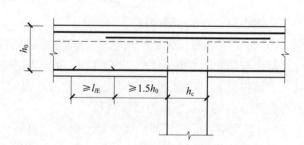

图 6-16　中间层中间节点梁下部
筋在节点外搭接构造

要点 7：屋面框架梁中间支座变截面钢筋构造

1. 梁顶一平

屋面框架梁顶部保持水平、底部不平时的构造要求：支座上部纵筋贯通布置，梁截面高度大的梁下部纵筋锚固同端支座锚固构造要求相同，梁截面小的梁下部纵筋锚固同中间支座锚固构造要求相同，如图 6-17 所示。

2. 梁底一平

屋面框架梁底部保持水平，顶部不平时的构造要求：梁截面高大的支座上部纵筋锚固要求如图 6-18 所示，需注意到是，弯折后的竖直段长度 l_{aE} 是从截面高度小的梁顶面算

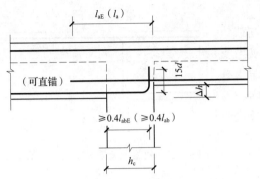

图 6-17 屋面框架梁顶部齐平

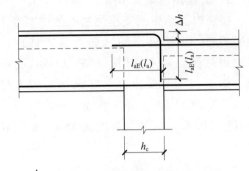

图 6-18 屋面框架梁底部齐平

起；梁截面高度小的支座上部纵筋锚固要求为伸入支座锚固长度为 l_{aE}（l_a）；下部纵筋的锚固措施同梁高度不变时相同。

3. 支座两边梁宽不同

屋面框架梁中间支座两边框架梁宽度不同或错开布置时，无法直锚的纵筋弯锚入柱内；或当支座两边纵筋根数不同时，可将多出纵筋弯锚入柱内，锚固的构造要求：上部纵筋弯锚入柱内，弯折段长度 $\geq l_{aE}$（l_a），下部纵筋锚入柱内平直段长度 $\geq 0.4l_{abE}$（$0.4l_{ab}$），弯折长度为 $15d$，如图 6-19 所示。

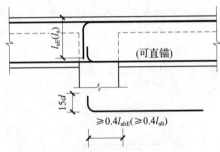

图 6-19 屋面框架梁梁宽度不同示意图

要点 8：楼层框架梁中间支座变截面处纵向钢筋构造

1. 梁顶梁底均不平

楼层框架梁梁顶梁底均不平时，可分为以下两种情况：

（1）梁顶（梁底）高差较大：当 $\Delta h/（h_c-50）>1/6$ 时，高梁上部纵筋弯锚水平段长度 $\geq 0.4l_{abE}$（$0.4l_{ab}$），弯钩长度为 $15d$，低梁下部纵筋直锚长度为 $\geq l_{aE}$（l_a），梁下部纵筋锚固构造同上部纵筋，如图 6-20 所示。

（2）梁顶（梁底）高差较小：当 $\Delta h/（h_c-50）\leq 1/6$ 时，梁上部（下部）纵筋可连续布置（弯曲通过中间节点），如图 6-21 所示。

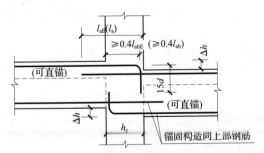

图 6-20 梁顶（梁底）高差较大

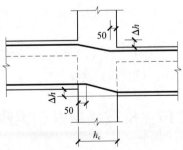

图 6-21 梁顶（梁底）高差较小

2. 支座两边梁宽不同

楼层框架梁中间支座两边框架梁宽度不同或错开布置时，无法直锚的纵筋弯锚入柱内；或当支座两边纵筋根数不同时，可将多出纵筋弯锚入柱内，锚固的构造要求：上部纵筋弯锚入柱内，弯折段长度为 $15d$，下部纵筋锚入柱内平直段长度 $\geq 0.4l_{abE}$（$0.4l_{ab}$），弯折长度为 $15d$，如图 6 – 22 所示。

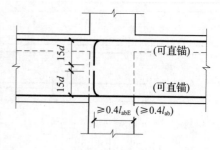

图 6 – 22 楼层框架梁梁宽度不同示意图

要点 9：抗震楼层框架梁端支座节点构造

这里所讲的端支座节点构造仅适用于"楼层框架梁"。

框架梁端支座节点构造如图 6 – 23 所示。

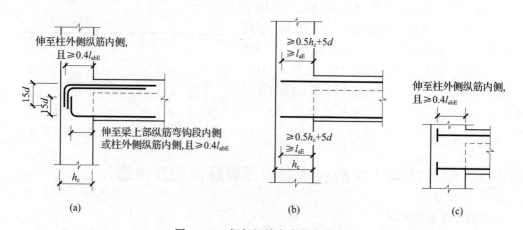

图 6 – 23 框架梁端支座节点构造

（a）端支座弯锚；（b）端支座直锚；（c）端支座加锚头（锚板）锚固

从图中可以读到以下内容：

1）如图 6 – 23（a）所示，当端支座弯锚时，上部纵筋伸至柱外侧纵筋内侧弯折 $15d$，下部纵筋伸至梁上部纵筋弯钩段内侧或往外侧纵筋内侧弯折 $15d$，且直锚水平段均应 $\geq 0.4l_{abE}$。

2）如图 6 – 23（b）所示，当端支座直锚时，上下部纵筋伸入柱内的直锚长度 $\geq l_{aE}$ 且 $\geq 0.5h_c + 5d$。

3）如图 6 – 23（c）所示，当端支座加锚头（锚板）锚固时，上下部纵筋伸至柱外侧纵筋内侧，且直锚长度 $\geq 0.4l_{abE}$。

要点 10：抗震楼层框架梁侧面纵筋的构造

抗震楼层框架梁侧面纵向构造钢筋和拉筋构造如图 6 – 24 所示。

图6-24　框架梁侧面纵向构造钢筋和拉筋

从图中可以读到以下内容：

1）当$h_w \geqslant 450mm$时，在梁的两个侧面应沿高度配置纵向构造钢筋，纵向构造钢筋间距$a < 200mm$。

2）当梁侧面配有直径不小于构造纵筋的受扭纵筋时，受扭钢筋可以代替构造钢筋。

3）梁侧面构造纵筋的搭接与锚固长度可取$15d$。梁侧面受扭纵筋的搭接长度为l_{lE}或l_l，其锚固长度为l_{aE}或l_a，锚固方式同框架梁下部纵筋。

4）当梁宽$\leqslant 350mm$时，拉筋直径为6mm；梁宽$> 350mm$时，拉筋直径为8mm。拉筋间距为非加密区箍筋间距的2倍。当设有多排拉筋时，上下两排拉筋竖向错开设置。

要点11：抗震框架梁和屋面框架梁箍筋构造要求

抗震框架梁和屋面框架梁箍筋构造要求如图6-25和图6-26所示，主要有以下几点：

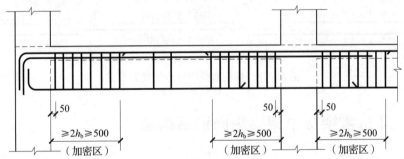

图6-25　抗震框架梁和屋面框架梁箍筋构造要求（尽端为柱）

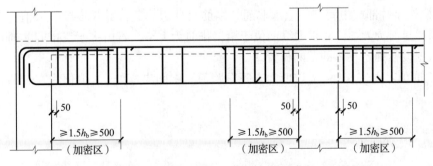

图6-26　抗震框架梁和屋面框架梁箍筋构造要求（尽端为梁）

从图中可以读到以下内容：

1）箍筋加密范围。梁支座负筋设箍筋加密区：

一级抗震等级：加密区长度为 max（$2h_b$，500mm）；

二至四级抗震等级：加密区长度为 max（$1.5h_b$，500mm）。其中，h_b 为梁截面高度。

2）箍筋位置。框架梁第一道箍筋距离框架柱边缘为50mm。注意在梁柱节点内，框架梁的箍筋不设。

3）弧形框架梁中心线展开计算梁端部箍筋加密区范围，其箍筋间距按其凸面度量。

4）箍筋复合方式。多于两肢箍的复合箍筋应采用外封闭大箍套小箍的复合方式。

要点12：不伸入支座梁下部纵向钢筋构造要求

当梁（不包括框支梁）下部纵筋不全部伸入支座时，不伸入支座的梁下部纵筋截断点距支座边的距离，统一取为 $0.1l_{ni}$（l_{ni} 为本跨梁的净跨值），如图6-27所示。

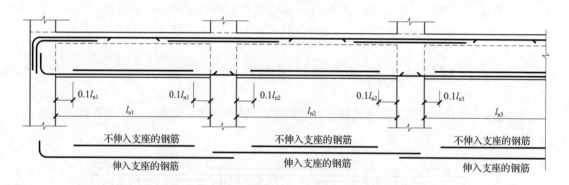

图6-27 梁侧面纵向构造钢筋和拉筋

要点13：非抗震楼层框架梁纵向钢筋构造

非抗震楼层框架梁纵向钢筋的构造要求如图6-28所示。

从图中可以读到以下内容：

1）框架梁端部或中间支座上部非通长纵筋自柱边算起，其长度统一取值：非贯通纵筋位于第一排时为 $l_n/3$，非贯通纵筋位于第二排时为 $l_n/4$，若由多于三排的非通长钢筋设计，则依据设计确定具体的截断位置。

2）l_n 取值：端支座处，l_n 取值为本跨净跨值，中间支座处，l_n 取值为左右两跨梁净跨值的较大值。

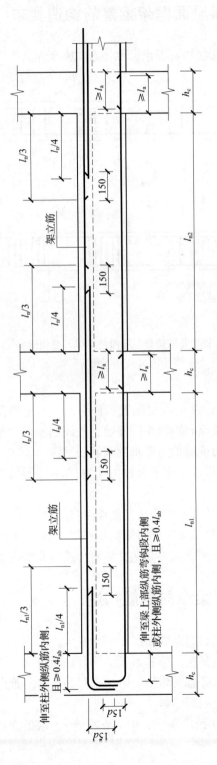

图 6 – 28 非抗震楼层框架梁纵向钢筋构造

要点 14：非抗震框架梁和屋面框架梁箍筋构造要求

非抗震框架梁和屋面框架梁箍筋构造要求，如图 6 – 29 所示。

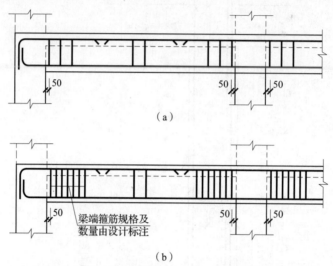

（a）

（b）

图 6 – 29　非抗震框架梁、屋面框架梁箍筋构造

（a）一种箍筋间距；（b）两种箍筋间距

从图中可以读到以下内容：

1）箍筋直径。非抗震框架梁通常全跨仅配置一种箍筋；当全跨配有两种箍筋时，其注写方式为在跨两端设置直径较大或间距较小的箍筋，并注明箍筋的根数，然后在跨中设置配置较小的箍筋。图中没有作为抗震构造要求的箍筋加密区。

2）箍筋位置。框架梁第一道箍筋距离框架柱边缘为 50mm。注意在梁柱节点内，框架梁的箍筋不设。

3）弧形框架梁中心线展开，其箍筋间距按其凸面度量。

4）箍筋复合方式。多肢复合箍筋采用外封闭大箍筋加小箍筋的方式，当为现浇板时，内部的小箍筋可为上开口箍或单肢箍形式。井字梁箍筋构造与非框架梁相同。

要点 15：非抗震屋面框架梁纵向钢筋构造

非抗震屋面框架梁纵向钢筋的构造要求如图 6 – 30 所示。

非抗震屋面框架梁端部或中间支座上部非通长纵筋自柱边算起，其长度统一取值：非贯通纵筋位于第一排时为 $l_n/3$，非贯通纵筋位于第二排时为 $l_n/4$，若由多于三排的非通长钢筋设计，则依据设计确定具体的截断位置。

l_n 取值：端支座处，l_n 取值为本跨净跨值，中间支座处，l_n 取值为左右两跨梁净跨值的较大值。

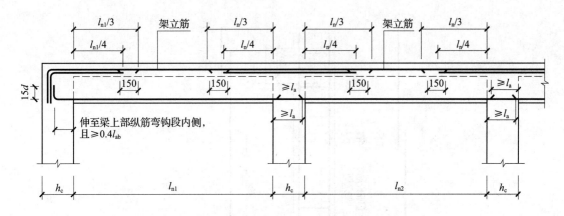

图 6 - 30　非抗震屋面框架梁纵向钢筋构造

要点 16：非框架梁配筋构造

非框架梁配筋构造，见图 6 - 31。

从图中可以读到以下内容：

（1）非框架梁上部纵筋的延伸长度

1）非框架梁端支座上部纵筋的延伸长度。设计按铰接时，取 $l_{n1}/5$；充分利用钢筋的抗拉强度时，取 $l_{n1}/3$。其中，"设计按铰接时"、"充分利用钢筋的抗拉强度时"由设计注明。

2）非框架梁中间支座上部纵筋延伸长度。非框架梁中间支座上部纵筋延伸长度取 $l_n/3$（l_n 为相邻左右两跨中跨度较大一跨的净跨值）。

（2）非框架梁纵向钢筋的锚固

1）非框架梁上部纵筋在端支座的锚固。

非框架梁端支座上部纵筋弯锚，弯折段竖向长度为 $15d$，而弯锚水平段长度为：设计按铰接时，取 $\geq 0.35l_{ab}$；充分利用钢筋的抗拉强度时，取 $\geq 0.6l_{ab}$。

2）下部纵筋在端支座的锚。直锚如柱内 $12d$，当梁中纵筋采用光面钢筋时，梁下部钢筋的直锚长度为 $15d$。

3）下部纵筋在中间支座的锚固。直锚如柱内 $12d$，当梁中纵筋采用光面钢筋时，梁下部钢筋的直锚长度为 $15d$。

（3）非框架梁纵向钢筋的连接

从图 6 - 31 中可以看出，非框架梁的架立筋搭接长度为 150mm。

要点 17：框架梁水平加腋构造

框架梁水平加腋构造，见图 6 - 32。

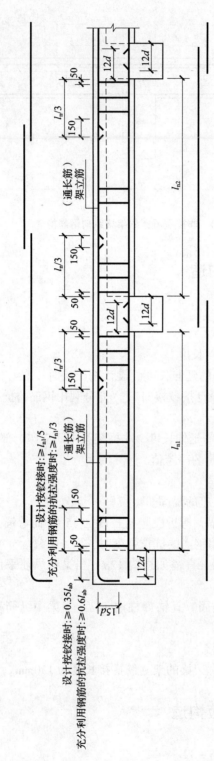

图 6 - 31   非框架梁配筋构造

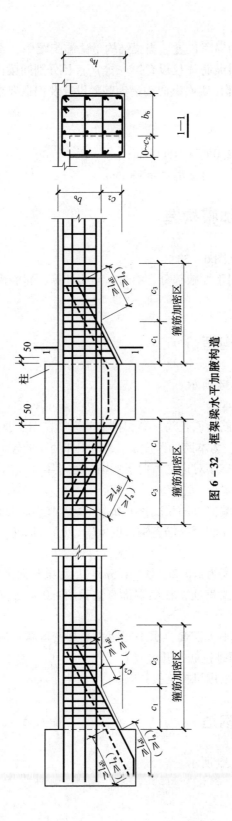

图 6 - 32　框架梁水平加腋构造

从图中可以读到以下内容：

括号内为非抗震梁纵筋的锚固长度。当梁结构平法施工图中，水平加腋部位的配筋设计未给出时，其梁腋上下部斜纵筋（仅设置第一排）直径分别同梁内上下纵筋，水平间距不宜大于200mm；水平加腋部位侧面纵向构造钢筋的设置及构造要求同抗震楼层框架梁的要求。

图中 c_3 按下列规定取值：

1）抗震等级为一级：$\geq 2.0h_b$ 且 $\geq 500mm$；

2）抗震等级为二～四级：$\geq 1.5h_b$ 且 $\geq 500mm$。

要点18：框架梁竖向加腋构造

框架梁竖向加腋构造，见图6-33。

框架梁竖向加腋构造适用于加腋部分，参与框架梁计算，配筋由设计标注。图中 c_3 的取值同水平加腋构造。

要点19：框支梁钢筋构造

框支梁钢筋构造如图6-34所示。

从图中可以读到以下内容：

1）框支梁第一排上部纵筋为通长筋。第二排上部纵筋在端支座附近断在 $l_{n1}/3$ 处，在中间支座附近断在 $l_n/3$ 处（l_{n1} 为本跨的跨度值；l_n 为相邻两跨的较大跨度值）。

2）框支梁上部纵筋伸入支座对边之后向下弯锚，通过梁底线后再下插 l_{aE}（l_a），其直锚水平段 $\geq 0.4l_{abE}$（$\geq 0.4l_{ab}$）。

3）框支梁下部纵筋在梁端部直锚长度 $\geq 0.4l_{abE}$（$\geq 0.4l_{ab}$），且向上弯折 $15d$。

4）当框支梁的下部纵筋和侧面纵筋直锚长度 $\geq l_{aE}$（l_a）且 $\geq 0.5h_c+5d$ 时，可不必向上或水平弯锚。

5）框支梁箍筋加密区长度为 $\geq 0.2l_{n1}$ 且 $\geq 1.5h_b$（h_b 为梁截面高）。

6）框支梁侧面纵筋是全梁贯通，在梁端部直锚长度 $\geq 0.4l_{abE}$（$\geq 0.4l_{ab}$），弯折长度为 $15d$。

7）框支梁拉筋直径不宜小于箍筋，水平间距为非加密区箍筋间距的2倍，竖向沿梁高间距 $\leq 200mm$，上下相邻两排拉筋错开设置。

8）梁纵向钢筋的连接宜采用机械连接接头。

要点20：框支柱钢筋构造

框支柱钢筋构造如图6-35所示。

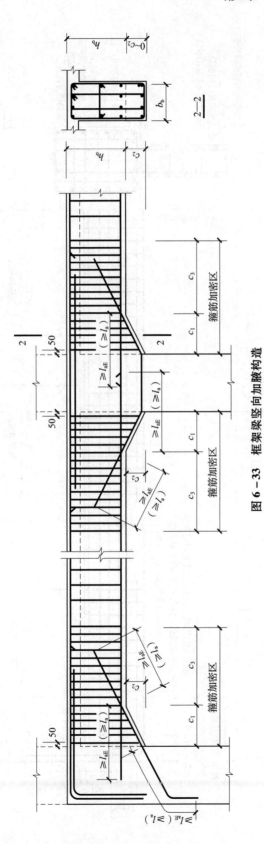

图6-33 框架梁竖向加腋构造

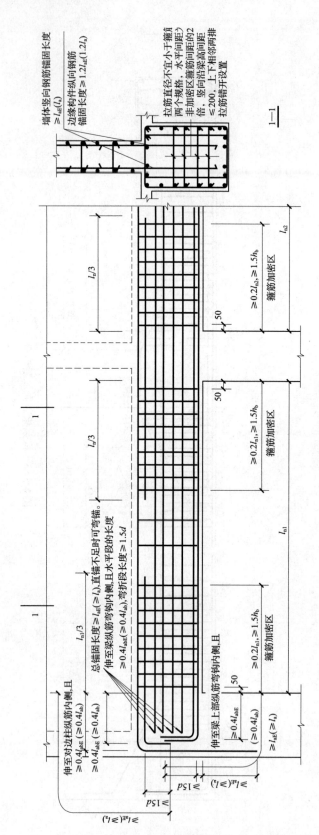

图 6-34　框支梁钢筋构造

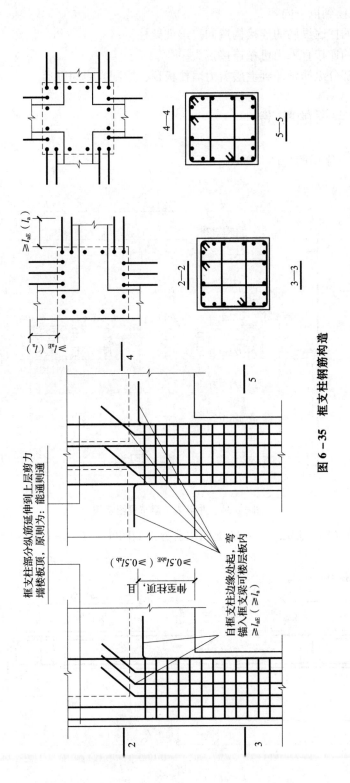

图6-35 框支柱钢筋构造

混凝土结构平法识图要点解析

从图中可以读到以下内容：

1）框支柱的柱底纵筋的连接构造同抗震框架柱。

2）柱纵筋的连接宜采用机械连接接头。

3）框支柱部分纵筋延伸到上层剪力墙楼板顶，原则为能同则通。

要点 21：井字梁的构造

图 6-36 为井字梁的平面布置图示例。

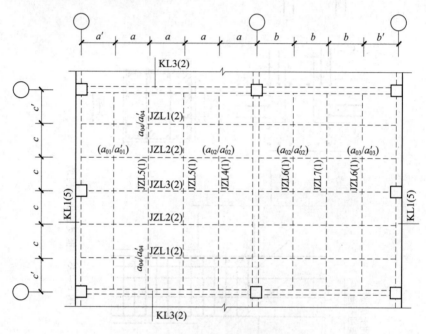

图 6-36 井字梁平面布置图示例

上图中 JZL5（1）、JZL2（2）的配筋构造分别如图 6-37、图 6-38 所示。

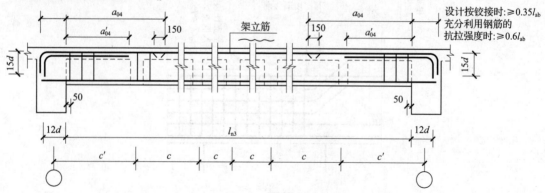

图 6-37 JZL5（1）配筋构造

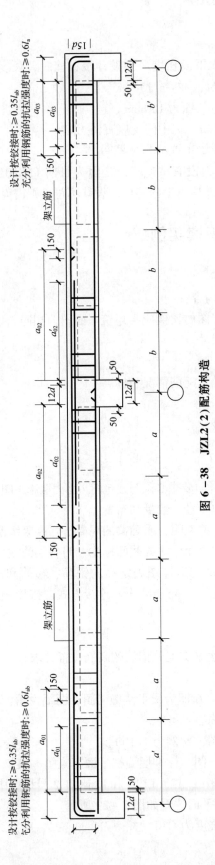

图 6-38　JZL2(2) 配筋构造

从图中可以读到以下内容：

1）上部纵筋锚入端支座的水平段长度：当设计按铰接时，长度$\geq 0.35 l_{ab}$；当充分利用钢筋的抗拉强度时，长度$\geq 0.6 l_{ab}$，弯锚$15d$。

2）架立筋与支座负筋的搭接长度为150mm。

3）下部纵筋在端支座直锚$12d$，在中间支座直锚$12d$。

4）从距支座边缘50mm处开始布置第一个箍筋。

另外，图中只标出了"l_{ab}"而没有"l_{abE}"，是因为目前11G101图集只考虑非抗震，且无框架梁参与组成井字梁。如果具体工程与标准设计不符，则需设计师另行设计。

要点22：梁平法施工图识读实例

1. 梁平法施工图的主要内容

梁平法施工图主要包括以下内容：

1）图名和比例。梁平法施工图的比例应与建筑平面图的相同。

2）定位轴线、编号和间距尺寸。

3）梁的编号、平面布置。

4）每一种编号梁的截面尺寸、配筋情况和标高。

5）必要的设计详图和说明。

2. 梁平法施工图的识读步骤

梁平法施工图识读的步骤如下：

1）查看图名、比例。

2）校核轴线编号及其间距尺寸，要求必须与建筑图、剪力墙施工图、柱施工图保持一致。

3）与建筑图配合，明确梁的编号、数量和布置。

4）阅读结构设计总说明或有关说明，明确梁的混凝土强度等级及其他要求。

5）根据梁的编号，查阅图中平面标注或截面标注，明确梁的截面尺寸、配筋和标高。再根据抗震等级、设计要求和标准构造详图确定纵向钢筋、箍筋和吊筋的构造要求（例如，纵向钢筋的锚固长度、切断位置、弯折要求和连接方式、搭接长度；箍筋加密区的范围；附加箍筋、吊筋的构造等）。

6）其他有关的要求。

需要强调的是，应注意主、次梁交汇处钢筋的高低位置要求。

3. 梁平法施工图实例

【例6-8】 图5-28、表5-6即为梁平法施工图和图纸说明，其部分连梁采用平面注写方式。从图中可以读到以下内容：

图名为标准层顶梁配筋平面图，比例为1:100。

轴线编号及其间距尺寸与建筑图、标准层墙柱平面布置图一致。

梁的编号从LL1至LL26（其中LL12、LL13和LL18在2号楼图中），标高参照各层楼面，数量每种1~4根，每根梁的平面位置如图5-29所示。

由图纸说明知，梁的混凝土强度为C30。

以 LL1、LL3、LL14 为例说明如下：

LL1（1）位于①轴线和㉕轴线上，1 跨；截面 200mm×450mm；箍筋为直径 8mm 的 HPB300 级钢筋，间距为 100mm，双肢箍；上部 2 ⻔16 通长钢筋，下部 2 ⻔16 通长钢筋。梁高≥450mm，需配置侧向构造钢筋，侧面构造钢筋应为剪力墙配置的水平分布筋，其在 3、4 层直径为 12mm、间距为 250mm 的 HRB335 级钢筋，在 5～16 层直径为 10mm、间距为 250mm 的 HPB300 级钢筋。因转换层以上两层（3、4 层）剪力墙，抗震等级为三级，以上各层抗震等级为四级，知 3、4 层（标高 6.950～12.550m）纵向钢筋伸入墙内的锚固长度 l_{aE} 为 31d，5～16 层（标高 12.550～49.120m）纵向钢筋的锚固长度 l_{aE} 为 30d。如为顶层，连梁纵向钢筋伸入墙内的长度范围内，应设置间距为 150mm 的箍筋，箍筋直径与连梁跨内箍筋直径相同。

LL3（1）位于②轴线和㉔轴线上，1 跨；截面 200mm×400mm；箍筋直径为 8mm 的 HPB300 级钢筋，间距为 200mm，双肢箍；上部 2 ⻔16 通长钢筋，下部 2 ⻔22（角筋）+ 1 ⻔20 通长钢筋；梁两端原位标注显示，端部上部钢筋为 3 ⻔16，要求有一根钢筋在跨中截断，由于 LL3 两端以梁为支座，按非框架梁构造要求截断钢筋，构造要求如图 6-31 所示，其中纵向钢筋锚固长度 l_{aE} 为 30d。

LL14（1）位于⑧轴线上，1 跨；截面 200mm×450mm；箍筋为直径 8mm 的 HPB300 级钢筋，加密区间距为 100mm，非加密区间距为 150mm，双肢箍，连梁沿梁全长箍筋的构造要求按框架梁梁端加密区箍筋构造要求采用，构造如图 6-26 所示，图中 h_b 为梁截面高度；上部为 2 ⻔20 通长钢筋，下部为 3 ⻔22 通长钢筋；梁两端原位标注显示，端部上部钢筋为 3 ⻔20，要求有一根钢筋在跨中截断，参考框架梁钢筋截断要求，其中一根钢筋在距梁端 1/4 静跨处截断。梁高≥450mm，需配置侧向构造钢筋，侧面构造钢筋应为剪力墙上配置水平分布筋，其在 3、4 层直径为 12mm、间距为 250mm 的 HRB335 级钢筋，在 5～16 层直径为 10mm、间距为 250mm 的 HPB300 级钢筋。因转换层以上两层（3、4 层）剪力墙，抗震等级为三级，以上各层抗震等级为四级，知 3、4 层（标高 6.950～12.550m）纵向钢筋伸入墙内的锚固长度 l_{aE} 为 31d，5～16 层（标高 12.550～49.120m）纵向钢筋的锚固长度 l_{aE} 为 30d。如为顶层，连梁纵向钢筋伸入墙内的长度范围内，应设置间距为 150mm 的箍筋，箍筋直径与连梁跨内箍筋直径相同。

此外，图中梁纵、横交汇处设置附加箍筋，例如，LL3 与 LL14 交汇处，在 LL14 上设置附加箍筋 6 根直径为 16mm 的 HPB300 级钢筋，双肢箍。附加箍筋构造要求如图 6-39 所示。

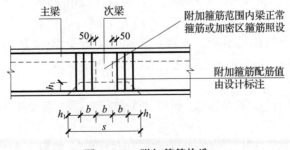

图 6-39 附加箍筋构造

需要注意的是，主、次梁交汇处上部钢筋主梁在上，次梁在下。

第7章 板平法识图

要点1：有梁楼盖板的识图

有梁楼盖板平法施工图，系在楼面板和屋面板布置图上，采用平面注写的表达方式，见图7-1。板平面注写主要包括板块集中标注和板支座原位标注。

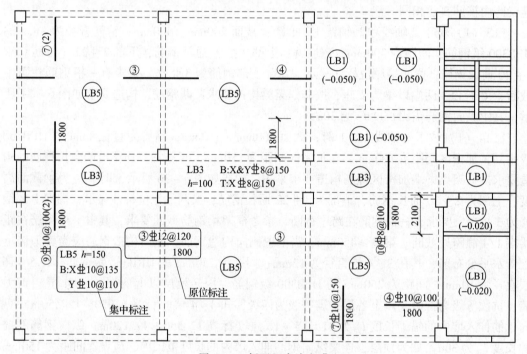

图7-1 板平面表达方式

为方便设计表达和施工识图，规定结构平面的坐标方向为：

1）当两向轴网正交布置时，图面从左至右为 X 向，从下至上为 Y 向；

2）当轴网转折时，局部坐标方向顺轴网转折角度做相应转折；

3）当轴网向心布置时，切向为 X 向，径向为 Y 向。

此外，对于平面布置比较复杂的区域，如轴网转折交界区域、向心布置的核心区域等，其平面坐标方向应由设计者另行规定并在图上明确表示。

1. 板块集中标注

板块集中标注的内容包括板块编号、板厚、贯通纵筋以及当板面标高不同时的标高高差。

（1）板块编号

首先介绍板块的定义。板块：对于普通楼盖，两向均以一跨为一板块；对于密肋楼盖，两向主梁（框架梁）均以一跨为一板块（非主梁密肋不计）。板块编号的表达方式见表7-1。

表 7 – 1　板块编号

板 类 型	代 号	序 号
楼板	LB	xx
屋面板	WB	xx
悬挑板	XB	xx

　　所有板块应逐一编号，相同编号的板块可择其一做集中标注，其他仅注写置于圆圈内的板编号，以及当板面标高不同时的标高高差。

　　（2）板厚

　　板厚的注写方式为 $h = × × ×$（为垂直于板面的厚度）；当悬挑板的端部改变截面厚度时，用斜线分隔根部与端部的高度值，注写方式为 $h = × × × / × × ×$；当设计已在图注中统一注明板厚时，此项可不注。

　　（3）贯通纵筋

　　板构件的贯通纵筋，按板块的下部和上部分别注写（当板块上部不设贯通纵筋时则不注），并以 B 代表下部，以 T 代表上部，B&T 代表下部与上部；X 向贯通纵筋以 X 打头，Y 向贯通纵筋以 Y 打头，两向贯通纵筋配置相同时则以 X&Y 打头。

　　当为单向板时，分布筋可不必注写，而在图中统一注明。

　　当在某些板内（例如，悬挑板 XB 的下部）配置有构造钢筋时，则 X 向以 Xc，Y 向以 Yc 打头注写。

　　当 Y 向采用放射配筋时（切向为 X 向，径向为 Y 向），设计者应注明配筋间距的定位尺寸。

　　当贯通筋采用两种规格钢筋"隔一布一"方式时，表达为 $\phi xx/yy@ × × ×$，表示直径为 xx 的钢筋和直径为 yy 的钢筋二者之间间距为 × × ×，直径 xx 的钢筋的间距为 × × × 的 2 倍，直径 yy 的钢筋的间距为 × × × 的 2 倍。

　　【例 7 – 1】　有一楼面板块注写为：LB5　$h = 110$

　　　　　　　　　　B：X ⌀ 10/12@ 100；Y ⌀ 10@ 110

　　表示 5 号楼面板，板厚 110mm，板下部配置的贯通纵筋 X 向为 ⌀ 10、⌀ 12 隔一布一，⌀ 10 与 ⌀ 12 之间间距为 100mm；Y 向为 ⌀ 10@ 110；板上部未配置贯通纵筋。

　　【例 7 – 2】　有一悬挑板注写为：XB2　$h = 150/100$

　　　　　　　　　　B：Xc&Yc ⌀ 8@ 200

　　表示 2 号悬挑板，板根部厚 150mm，端部厚 100mm，板下部配置构造钢筋双向均为 ⌀ 8@ 200（上部受力钢筋见板支座原位标注）。

　　2. 板支座原位标注

　　板支座原位标注的内容为：板支座上部非贯通纵筋和悬挑板上部受力钢筋。

　　板支座原位标注的钢筋，应在配置相同跨的第一跨表达（当在梁悬挑部位单独配置时则在原位表达）。在配置相同跨的第一跨（或梁悬挑部位），垂直于板支座（梁或墙）绘制一段适宜长度的中粗实线（当该筋通长设置在悬挑板或短跨板上部时，实线段应画至对边或贯通短跨），以该线段代表支座上部非贯通纵筋，并在线段上方注写钢筋编号（如①、

②等）、配筋值、横向连续布置的跨数（注写在括号内，且当为一跨时可不注），以及是否横向布置到梁的悬挑端。

板支座上部非贯通筋自支座中线向跨内的伸出长度，注写在线段的下方位置。

当中间支座上部非贯通纵筋向支座两侧对称伸出时，可仅在支座一侧线段下方标注伸出长度，另一侧不注，见图 7 - 2。

当向支座两侧非对称伸出时，应分别在支座两侧线段下方注写伸出长度，见图 7 - 3。

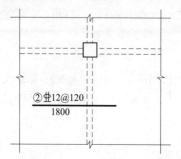 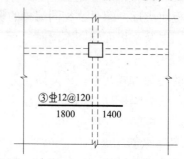

图 7 - 2　板支座上部非贯通筋对称伸出　　**图 7 - 3　板支座上部非贯通筋非对称伸出**

对线段画至对边贯通全跨或贯通全悬挑长度的上部通长纵筋，贯通全跨或伸出至全悬挑一侧的长度值不注，只注明非贯通筋另一侧的伸出长度值，见图 7 - 4。

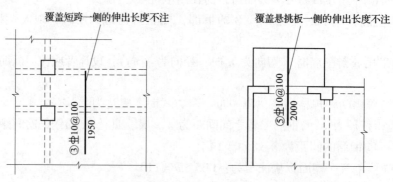

图 7 - 4　板支座上部非贯通筋贯通全跨或伸至悬挑端

当板支座为弧形，支座上部非贯通纵筋呈放射状分布时，设计者应注明配筋间距的度量位置并加注"放射分布"四字，必要时应补绘平面配筋图，见图 7 - 5。

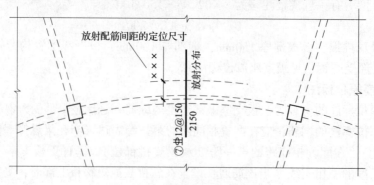

图 7 - 5　弧形支座处放射配筋

关于悬挑板的注写方式见图7－6。当悬挑板端部厚度不小于150mm时，设计者应指定板端部封边构造方式，当采用U形钢筋封边时，尚应指定U形钢筋的规格、直径。

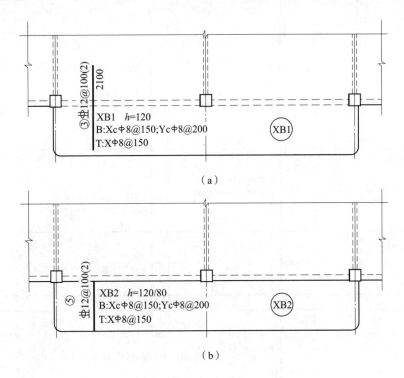

（a）

（b）

图7－6　悬挑板支座非贯通筋

在板平面布置图中，不同部位的板支座上部非贯通纵筋及悬挑板上部受力钢筋，可仅在一个部位注写，对其他相同者则仅需在代表钢筋的线段上注写编号及按本条规则注写横向连续布置的跨数即可。

此外，与板支座上部非贯通纵筋垂直且绑扎在一起的构造钢筋或分布钢筋，应由设计者在图中注明。

当板的上部已配置有贯通纵筋，但需增配板支座上部非贯通纵筋时，应结合已配置的同向贯通纵筋的直径与间距采取"隔一布一"方式配置。

"隔一布一"方式，为非贯通纵筋的标注间距与贯通纵筋相同，两者组合后的实际间距为各自标注间距的1/2。当设定贯通纵筋为纵筋总截面面积的50%时，两种钢筋应取相同直径；当设定贯通纵筋大于或小于总截面面积的50%时，两种钢筋则取不同直径。

要点2：无梁楼盖板的识图

无梁楼盖平法施工图，系在楼面板和屋面板布置图上采用平面注写的表达方式。

板平面注写主要有板带集中标注、板带支座原位标注两部分内容。见图7－7。

集中标注应在板带贯通纵筋配置相同跨的第一跨（X向为左端跨，Y向为下端跨）注写。相同编号的板带可择其一做集中标注，其他仅注写板带编号（注在圆圈内）。

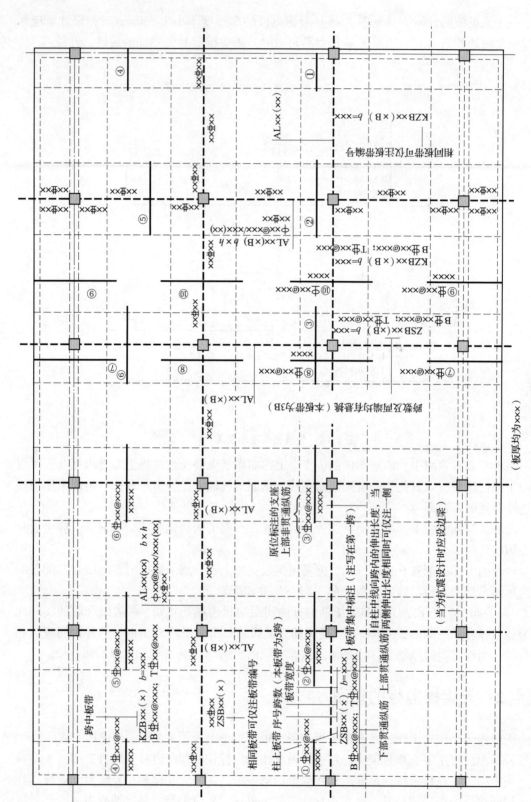

图 7-7 无梁楼盖板注写方式

1. 板带集中标注

板带集中标注的具体内容为：板带编号、板带厚及板带宽和贯通纵筋。

1）板带编号。板带编号的表达形式见表 7 - 2。

表 7 - 2 板带编号

板带类型	代 号	序 号	跨数及有无悬挑
柱上板带	ZSB	××	(××)、(××A) 或 (××B)
跨中板带	KZB	××	(××)、(××A) 或 (××B)

注：1. 跨数按柱网轴线计算（两相邻柱轴线之间为一跨）。

  2. (××A) 为一端有悬挑，(××B) 为两端有悬挑，悬挑不计入跨数。

2）板带厚及板带宽。板带厚注写为 $h = ×××$，板带宽注写为 $b = ×××$。当无梁楼盖整体厚度和板带宽度已在图中注明时，此项可不注。

3）贯通纵筋。贯通纵筋按板带下部和板带上部分别注写，并以 B 代表下部，T 代表上部，B&T 代表下部和上部。当采用放射配筋时，设计者应注明配筋间距的度量位置，必要时补绘配筋平面图。

【例 7 - 3】 设有一板带注写为：ZSB2（5A） $h = 300$ $b = 3000$

$$B = \underline{\Phi}16@100；T\underline{\Phi}18@200$$

表示 2 号柱上板带，有 5 跨且一端有悬挑；板带厚 300mm，宽 3000mm；板带配置贯通纵筋下部为 $\underline{\Phi}16@100$，上部为 $\underline{\Phi}18@200$。

4）当局部区域的板面标高与整体不同时，应在无梁楼盖的板平法施工图上注明板面标高高差及分布范围。

2. 板带原位标注

板带支座原位标注的具体内容为：板带支座上部非贯通纵筋。

以一段与板带同向的中粗实线段代表板带支座上部非贯通纵筋；对柱上板带，实线段贯穿柱上区域绘制；对跨中板带：实线段横贯柱网轴线绘制。在线段上注写钢筋编号（如①、②等）、配筋值及在线段的下方注写自支座中线向两侧跨内的伸出长度。

当板带支座非贯通纵筋自支座中线向两侧对称伸出时，其伸出长度可仅在一侧标注；当配置在有悬挑端的边柱上时，该筋伸出到悬挑尽端，设计不注。当支座上部非贯通纵筋呈放射分布时，设计者应注明配筋间距的定位位置。

不同部位的板带支座上部非贯通纵筋相同者，可仅在一个部位注写，其余则在代表非贯通纵筋的线段上注写编号。

【例 7 - 4】 设有平面布置图的某部位，在横跨板带支座绘制的对称线段上注有⑦$\underline{\Phi}18@250$，在线段一侧的下方注有 1500，系表示支座上部⑦号非贯通纵筋为 $\underline{\Phi}18@250$，自支座中线向两侧跨内的伸出长度均为 1500。

当板带上部已经配有贯通纵筋，但需增加配置板带支座上部非贯通纵筋时，应结合已配同向贯通纵筋的直径与间距，采取"隔一布一"的方式配置。

3. 暗梁的表示方法

暗梁平面注写包括暗梁集中标注、暗梁支座原位标注两部分内容。施工图中在柱轴线处画中粗虚线表示暗梁。

（1）暗梁集中标注

暗梁集中标注包括暗梁编号、暗梁截面尺寸（箍筋外皮宽度×板厚）、暗梁箍筋、暗梁上部通长筋或架立筋四部分内容。暗梁编号见表 7-3，其他注写方式同梁构件平面注写中的集中标注方式。

表 7-3　暗梁编号

构件类型	代　号	序　号	跨数及有无悬挑
暗梁	AL	××	（××）、（××A）或（××B）

注：1. 跨数按柱网轴线计算（两相邻柱轴线之间为一跨）。

　　2.（××A）为一端有悬挑，（××B）为两端有悬挑，悬挑不计入跨数。

（2）暗梁支座原位标注

暗梁支座原位标注包括梁支座上部纵筋、梁下部纵筋。当在暗梁上集中标注的内容不适用于某跨或某悬挑端时，则将其不同数值标注在该跨或该悬挑端，施工时按原位注写取值。注写方式同梁构件平面注写中的原位标注方式。

当设置暗梁时，柱上板带及跨中板带标注方式与板带集中标注和板支座原位标注的内容一致。柱上板带标注的配筋仅设置在暗梁之外的柱上板带范围内。

暗梁中纵向钢筋连接、锚固及支座上部纵筋的伸出长度等要求同轴线处柱上板带中纵向钢筋。

要点 3：楼板相关构造的识图

楼板相关构造的平法施工图设计，系在板平法施工图上采用直接引注方式表达。

楼板相关构造类型与编号，见表 7-4。

表 7-4　楼板相关构造类型与编号

构造类型	代　号	序　号	说　明
纵筋加强带	JQD	××	以单向加强筋取代原位置配筋
后浇带	HJD	××	有不同的留筋方式
柱帽	ZMx	××	适用于无梁楼盖
局部升降板	SJB	××	板厚及配筋所在板相同；构造升降高度≤300mm
板加腋	JY	××	腋高与腋宽可选
板开洞	BD	××	最大边长或直径<1m；加强筋长度有全跨贯通和自洞边锚固两种
板翻边	FB	××	翻边高度≤300mm
角部加强筋	Crs	××	以上部双向非贯通加强钢筋取代原位置的非贯通配筋
悬挑阳角放射筋	Ces	××	板悬挑阳角上部放射筋
抗冲切箍筋	Rh	××	通常用于无柱帽无梁楼盖的柱顶
抗冲切弯起筋	Rb	××	通常用于无柱帽无梁楼盖的柱顶

要点 4：有梁楼盖楼（屋）面板钢筋构造

有梁楼盖楼（屋）面板配筋构造如图 7-8 所示。

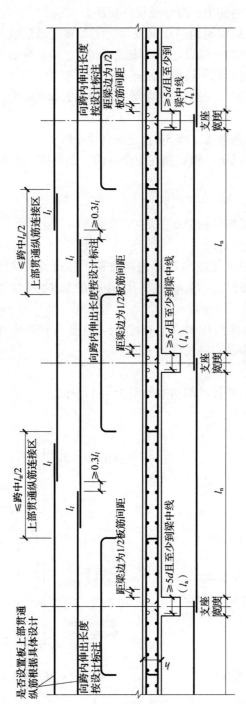

图7-8 有梁楼盖楼(屋)面板配筋构造

1. 中间支座钢筋构造

（1）上部纵筋

1）上部非贯通纵筋向跨内伸出长度详见设计标注。

2）与支座垂直的贯通纵筋贯通跨越中间支座，上部贯通纵筋连接区在跨中1/2跨度范围之内；相邻等跨或不等跨的上部贯通纵筋配置不同时，应将配置较大者越过其标注的跨数终点或起点延伸至相邻跨的跨中连接区域连接。

与支座同向的贯通纵筋的第一根钢筋在距梁角筋为1/2板筋间距处开始设置。

（2）下部纵筋

1）与支座垂直的贯通纵筋伸入支座$5d$且至少到梁中线；

2）与支座同向的贯通纵筋第一根钢筋在距梁角筋1/2板筋间距处开始设置。

2. 端部支座钢筋构造

（1）端部支座为梁

当端部支座为梁时，楼板端部构造如图7-9所示。

从图中可以读到以下内容：

1）板上部贯通纵筋伸至梁外侧角筋的内侧弯钩，弯折长度为$15d$。当设计按铰接时，弯折水平段长度$\geqslant 0.35l_{ab}$；当充分利用钢筋的抗拉强度时，弯折水平段长度$\geqslant 0.6l_{ab}$。

2）板下部贯通纵筋在端部制作的直锚长度$\geqslant 5d$且至少到梁中线；梁板式转换层的板，下部贯通纵筋在端部支座的直锚长度为l_a。

（2）端部支座为剪力墙

当端部支座为剪力墙时，楼板端部构造如图7-10所示。

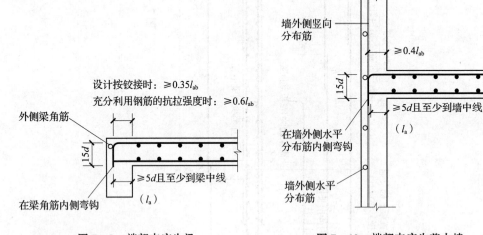

图7-9 端部支座为梁　　　　　图7-10 端部支座为剪力墙

从图中可以读到以下内容：

1）板上部贯通纵筋伸至墙身外侧水平分布筋的内侧弯钩，弯折长度为$15d$。弯折水平段长度为$0.4l_{ab}$。

2）板下部贯通纵筋在开标支座的直锚长度≥5d且至少到墙中线。

（3）端部支座为砌体墙的圈梁

当端部支座为砌体墙的圈梁时，楼板端部构造如图7-11所示。

从图中可以读到以下内容：

1）板上部贯通纵筋伸至圈梁外侧角筋的内侧弯钩，弯折长度为15d。当设计按铰接时，弯折水平段长度≥0.35l_{ab}；当充分利用钢筋的抗拉强度时，弯折水平段长度≥0.6l_{ab}。

2）板下部贯通纵筋在开标支座的直锚长度≥5d且至少到梁中线。

（4）端部支座为砌体墙

当端部支座为砌体墙时，楼板端部构造如图7-12所示。

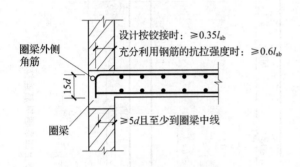

图7-11 端部支座为砌体墙的圈梁　　图7-12 端部支座为砌体墙

板在端部支座的支承长度≥120mm，≥h（楼板的厚度）且≥1/2墙厚。板上部贯通纵筋伸至板端部（扣减一个保护层），然后弯折15d。板下部贯通纵筋伸至板端部（扣减一个保护层）。

要点5：有梁楼盖不等跨板上部贯通纵筋连接构造

有梁楼盖不等跨板上部贯通纵筋连接构造，可分为三种情况，见图7-13。

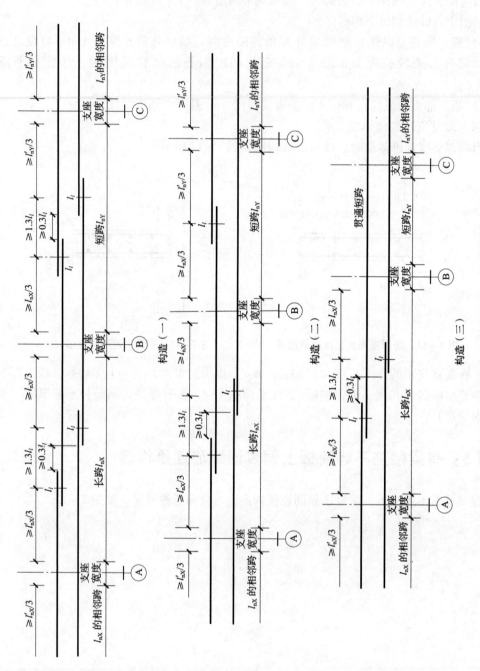

图 7-13 有梁楼盖不等跨板上部贯通纵筋连接构造

要点 6：单（双）向板配筋构造

单（双）向板配筋构造如图 7－14 所示。

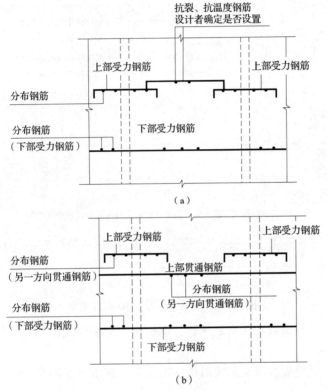

图 7－14 单（双）向板配筋示意

（a）分离式配筋；（b）部分贯通式配筋

从图中可以读到以下内容：

1）在搭接范围内，相互搭接的纵筋与横向钢筋的每个交叉点均应进行绑扎。

2）抗裂构造钢筋自身及其与受力主筋搭接长度为 150mm，抗温度筋自身及其与受力主筋搭接长度为 l_l。

3）板上下贯通筋可兼作抗裂构造筋和抗温度筋。当下部贯通筋兼作抗温度筋时，其在支座的锚固由设计者确定。

4）分布钢筋自身及其与受力主筋、构造钢筋的搭接长度为 150mm；当分布筋兼作抗温度筋时，其自身及与受力主筋、构造钢筋的搭接长度为 l_l；其在支座的锚固按受拉要求考虑。

要点 7：纵筋加强带 JQD 的直接引注和配筋构造

纵筋加强带的平面形状及定位由平面布置图表达，加强带内配置的加强贯通纵筋等由引注内容表达。

纵筋加强带设单向加强贯通纵筋，取代其所在位置板中原配置的同向贯通纵筋。根据受力需要，加强贯通纵筋可在板下部配置，也可在板下部和上部均设置。纵筋加强带的引注见图 7 – 15。

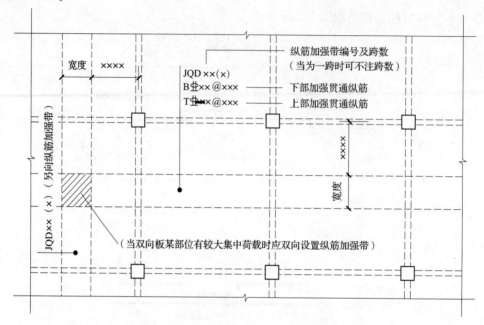

图 7 – 15　纵筋加强带 JQD 引注图示

当板下部和上部均设置加强贯通纵筋，而板带上部横向无配筋时，加强带上部横向配筋应由设计者注明。

当将纵筋加强带设置为暗梁形式时应注写箍筋，其引注见图 7 – 16。

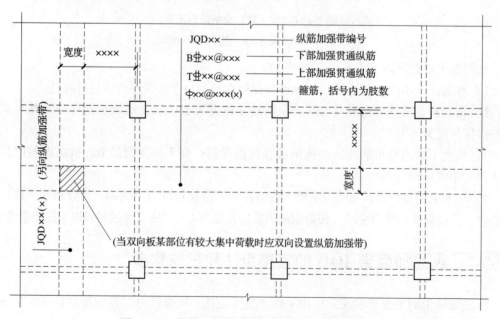

图 7 – 16　纵筋加强带 JQD 引注图示（暗梁形式）

图7-17为板内纵筋加强带JQD配筋构造，加强贯通纵筋的连接要求与板纵筋相同。

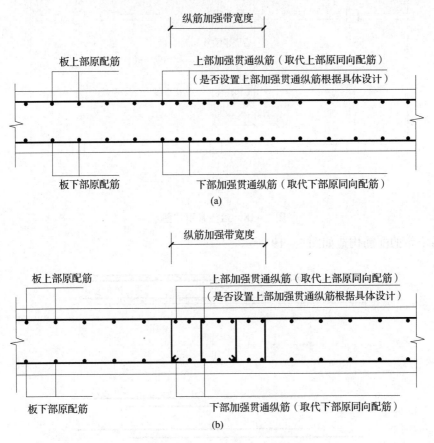

图7-17 板内纵筋加强带JQD配筋构造

（a）无暗梁时；（b）有暗梁时

要点8：后浇带HJD的直接引注和配筋构造

后浇带的平面形状及定位由平面布置图表达，后浇带留筋方式等由引注内容表达，包括：

1）后浇带编号及留筋方式代号。后浇带的两种留筋方式，分别为：贯通留筋（代号GT），100%搭接留筋（代号100%）。

2）后浇混凝土的强度等级C××。宜采用补偿收缩混凝土，设计应注明相关施工要求。

3）留筋方式或后浇混凝土强度等级不一致时，设计者应在图中注明与图示不一致的部位及做法。

后浇带引注如图7-18所示。

贯通留筋的后浇带宽度通常取大于或等于800mm；100%搭接留筋的后浇带宽度通常取800mm与（l_l+60mm）的较大值（l_l为受拉钢筋的搭接长度）。

混凝土结构平法识图要点解析

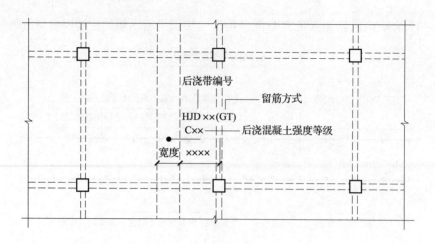

图 7 – 18　后浇带引注图示

板后浇带的配筋构造如图 7 – 19 所示。

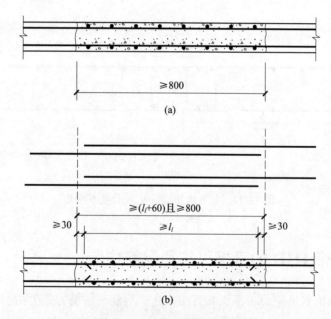

图 7 – 19　板后浇带配筋构造

（a）板后浇带贯通留筋钢筋构造；（b）板后浇带 100% 搭接留筋钢筋构造

要点 9：柱帽 ZMx 的直接引注和配筋构造

柱帽引注见图 7 – 20 ～图 7 – 23，其配筋构造见图 7 – 24 ～图 7 – 27。柱帽的平面形状有矩形、圆形或多边形等，其平面形状由平面布置图表达。

柱帽的立面形状有单倾角柱帽 ZMa（见图 7 – 20）、托板柱帽 ZMb（见图 7 – 21）、变倾角柱帽 ZMc（见图 7 – 22）和倾角托板柱帽 ZMab（见图 7 – 23）等，其立面几何尺寸和配筋由具体的引注内容表达。图中 c_1、c_2 当 X、Y 方向不一致时，应标注（$c_{1,X}$，$c_{1,Y}$）、（$c_{2,X}$，$c_{2,Y}$）。

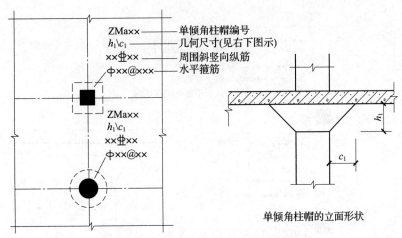

图 7-20 单倾角柱帽 ZMa 引注图示

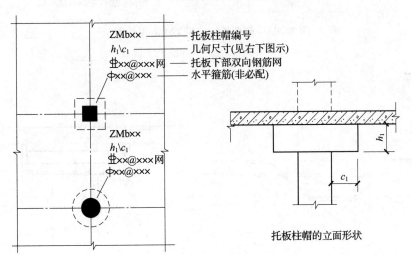

图 7-21 托板柱帽 ZMb 引注图示

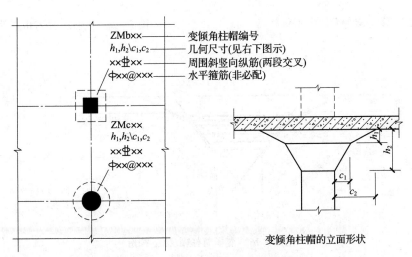

图 7-22 变倾角柱帽 ZMc 引注图示

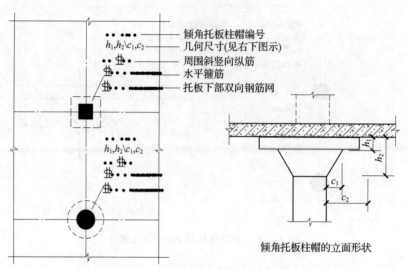

图 7-23　倾角托板柱帽 ZMab 引注图示

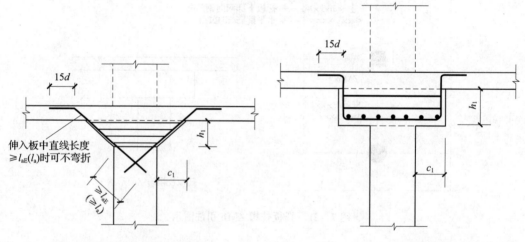

图 7-24　单倾角柱帽 ZMa 构造　　　　　　图 7-25　托板柱帽 ZMb 构造

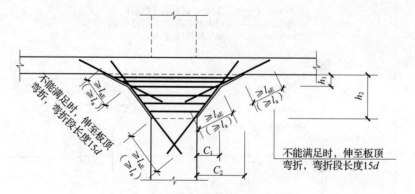

图 7-26　变倾角柱帽 ZMc 构造

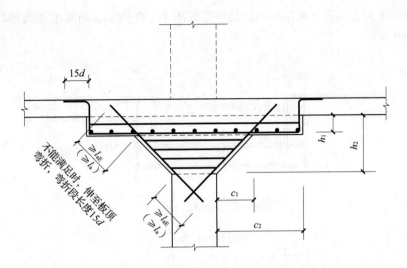

图 7 − 27　倾角托板柱帽 ZMab 构造

要点 10：局部升降板 SJB 的直接引注和配筋构造

局部升降板的引注见图 7 −28。局部升降板的平面形状及定位由平面布置图表达，其他内容由引注内容表达。

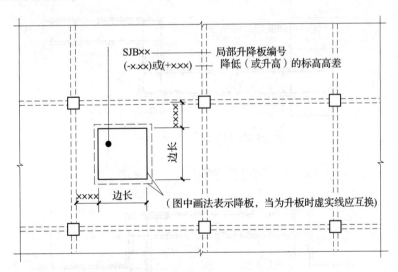

图 7 − 28　局部升降板 SJB 引注图示

局部升降板的板厚、壁厚和配筋，在标准构造详图中取与所在板块的板厚和配筋相同，设计不注；当采用不同板厚、壁厚和配筋时，设计应补充绘制截面配筋图。

局部升降板升高与降低的高度限定为小于或等于 300mm，当高度大于 300mm 时，设计应补充绘制截面配筋图。

在局部升降板 SJB 的标准构造详图中所限定的高度 300mm 范围内，当局部升降板升高与降低的高度大于或等于板厚时的配筋构造如图 7 – 29 所示，而其小于板厚时的配筋构造如图 7 – 30 所示。

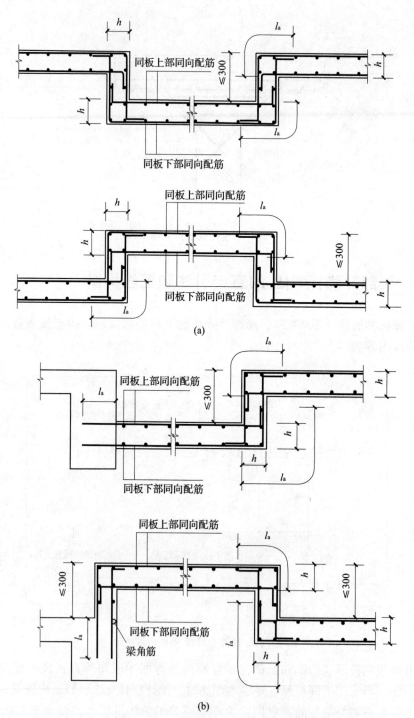

图 7 – 29　局部升降板的升降高度大于或等于板厚时配筋构造

（a）局部升降板 SJB 构造（一）（板中升降）；（b）局部升降板 SJB 构造（一）（侧边为梁）

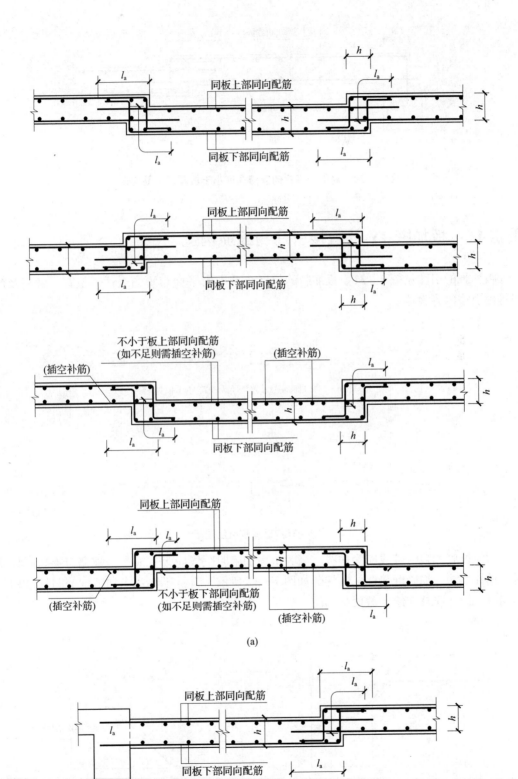

(a)

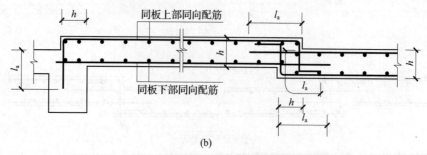

(b)

图7-30 局部升降板的升降高度小于板厚时配筋构造

（a）局部升降板 SJB 构造（二）（板中升降）；（b）局部升降板 SJB 构造（二）（侧边为梁）

要点11：板加腋 JY 的直接引注和配筋构造

板加腋的引注见图7-31。板加腋的位置与范围由平面布置图表达，腋宽、腋高及配筋等由引注内容表达。

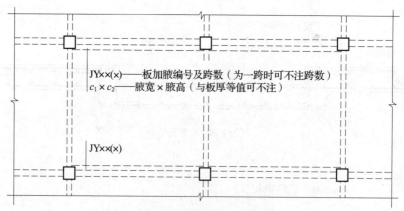

图7-31 板加腋引注图示

当为板底加腋时腋线应为虚线，当为板面加腋时腋线应为实线；当腋宽与腋高同板厚时，设计不注。加腋配筋按标准构造如图7-32所示，设计不注；当加腋配筋与标准构造不同时，设计应补充绘制截面配筋图。

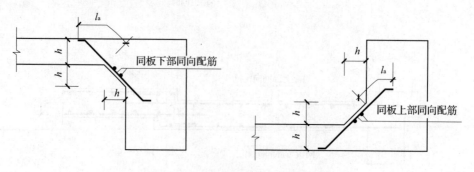

图7-32 板加腋 JY 标准配筋构造

要点 12：板开洞 BD 的直接引注和配筋构造

板开洞的引注见图 7 - 33。板开洞的平面形状及定位由平面布置图表达，洞的几何尺寸等由引注内容表达。

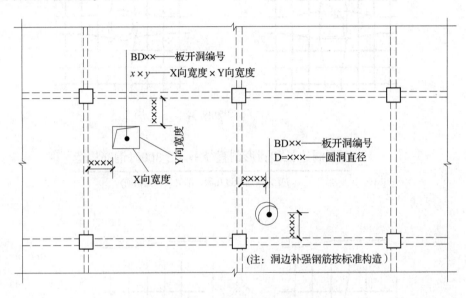

图 7 - 33　板开洞 BD 引注图示

当矩形洞口边长和圆形洞直径不大于 300mm 时，受力钢筋绕过孔洞，不另设补强钢筋。当矩形洞口边长或圆形洞口直径小于或等于 1000mm，且当洞边无集中荷载作用时，洞边补强钢筋可按标准构造的规定设置，设计不注。图 7 - 34 和图 7 - 35 分别为板开洞 BD 与洞边加强钢筋构造（洞边无集中荷载）。

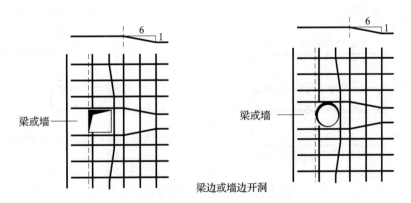

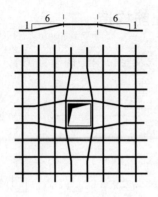
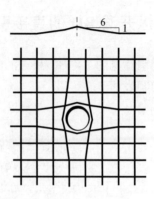

板中开洞

矩形洞边长和圆形洞直径不大于300时钢筋构造

(受力钢筋绕过孔洞，不另设补强钢筋)

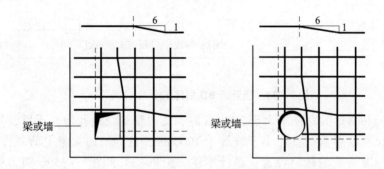

梁交角或墙角开洞

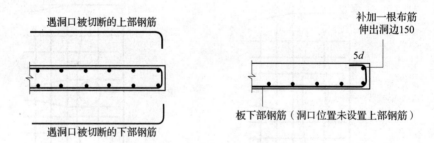

洞边被切断钢筋端部构造

图 7-34　板开洞 BD 与洞边加强钢筋构造（一）（洞边无集中荷载）

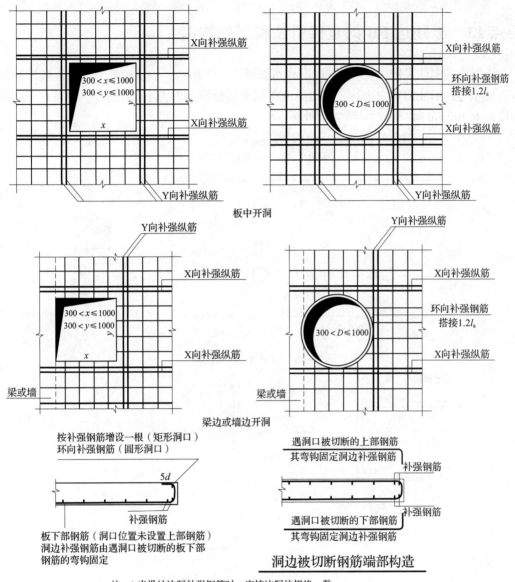

图 7-35 板开洞 BD 与洞边加强钢筋构造（二）（洞边无集中荷载）

注：1.当设计注写补强钢筋时，应按注写的规格、数量与长度值补强。当设计未注写时，X向、Y向分别按每边配置两根直径不小于12且不小于同向被切断纵向钢筋总面积的50%补强，补强钢筋与被切断钢筋布置在同一层面，两根补强钢筋之间的净距为30；环向上下各配置一根直径不小于10的钢筋补强。
2.补强钢筋的强度等级与被切断钢筋相同。
3.X向、Y向补强纵筋伸入支座的锚固方式同板中钢筋，当不伸入支座时，设计应标注。

当洞口周边加强钢筋不伸至支座时，应在图中画出所有加强钢筋，并标注不伸至支座的钢筋长度。当具体工程所需要的补强钢筋与标准构造不同时，设计应加以注明。

当矩形洞口边长或圆形洞口直径大于1000mm，或虽小于或等于1000mm 但洞边有集中荷载作用时，设计应根据具体情况采取相应的处理措施。

要点 13：板翻边 FB 的直接引注和配筋构造

板翻边的引注见图 7 – 36，其配筋构造如图 7 – 37 所示。板翻边可为上翻也可为下翻，翻边尺寸等在引注内容中表达，翻边高度在标准构造详图中为小于或等于 300mm。当翻边高度大于 300mm 时，由设计者自行处理。

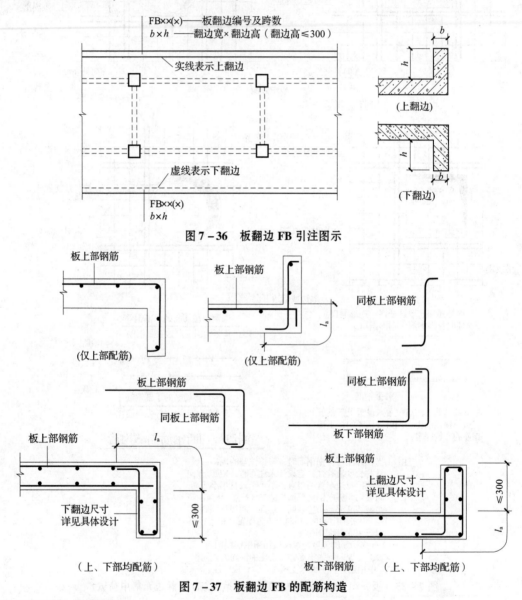

图 7 – 36　板翻边 FB 引注图示

图 7 – 37　板翻边 FB 的配筋构造

要点 14：角部加强筋 Crs 的直接引注

角部加强筋 Crs 的引注见图 7 – 38。角部加强筋通常用于板块角区的上部，根据规范规定的受力要求选择配置。角部加强筋将在其分布范围内取代原配置的板支座上部非贯通纵筋，且当其分布范围内配有板上部贯通纵筋时则间隔布置。

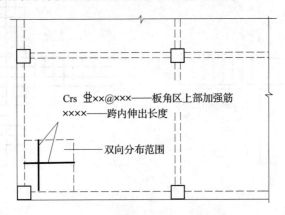

图 7 – 38　角部加强筋 Crs 引注图示

要点 15：抗冲切箍筋 Rh 和弯起筋 Rb 的直接引注和配筋构造

抗冲切箍筋 Rh 和抗冲切弯起筋 Rb，通常在无柱帽无梁楼盖的柱顶部位设置，其引注见图 7 – 39；相应平法施工图标准配筋构造如图 7 – 40 所示。

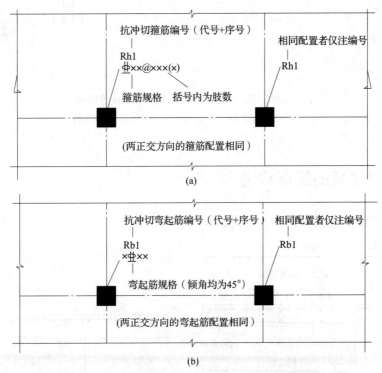

图 7 – 39　抗冲切箍筋 Rh 和弯起筋 Rb 的引注图示

（a）抗冲切箍筋 Rh 引注图示；（b）抗冲切弯起筋 Rb 引注图示

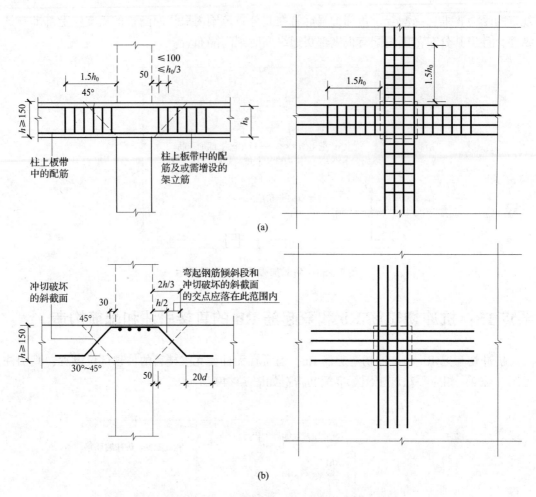

图 7-40 抗冲切箍筋 Rh 和弯起筋 Rb 的构造

（a）抗冲切箍筋 Rh 构造；（b）抗冲切弯起筋 Rb 构造

要点 16：悬挑板的配筋构造

悬挑板的配筋构造可分为两种情况，如图 7-41 所示。

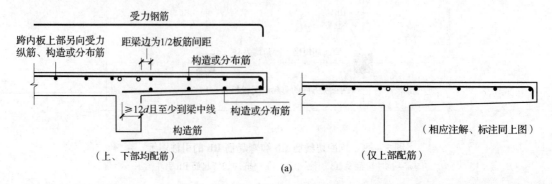

（a）

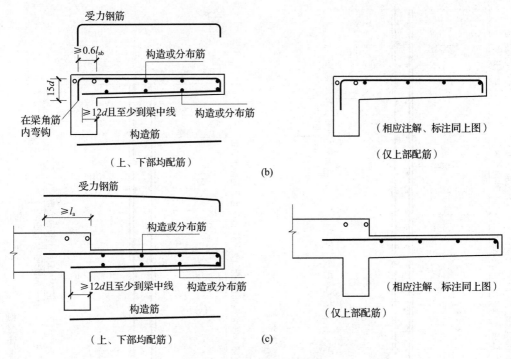

图 7 – 41　悬挑板配筋构造

从图中可以读到以下内容：

1）图 7 – 41（a）：悬挑板的上部纵筋与相邻板同向的顶部贯通纵筋或顶部非贯通纵筋贯通，下部构造筋伸至梁内长度≥12d 且至少到梁中线。

2）图 7 – 41（b）：悬挑板的上部纵筋伸至梁内，在梁角筋内侧弯直钩，弯折长度为15d，下部构造筋伸至梁内长度≥12d 且至少到梁中线。

3）图 7 – 41（c）：悬挑板的上部纵筋锚入与其相邻板内，直锚长度≥l_a，下部构造筋伸至梁内长度≥12d 且至少到梁中线。

要点 17：柱上板带纵向钢筋构造

柱上板带纵向钢筋构造，见图 7 – 42。

从图中可以读到以下内容：

1）柱上板带上部贯通纵筋的连接区在跨中区域；上部非贯通纵筋向跨内延伸长度按设计标注；非贯通纵筋的端点就是上部贯通纵筋连接区的起点。

2）当相邻等跨或不等跨的上部贯通纵筋配置不同时，应将配置较大者越过其标注的跨数终点或起点伸出至相邻跨的跨中连接区域连接。

要点 18：跨中板带纵向钢筋构造

跨中板带纵向钢筋构造，见图 7 – 43。

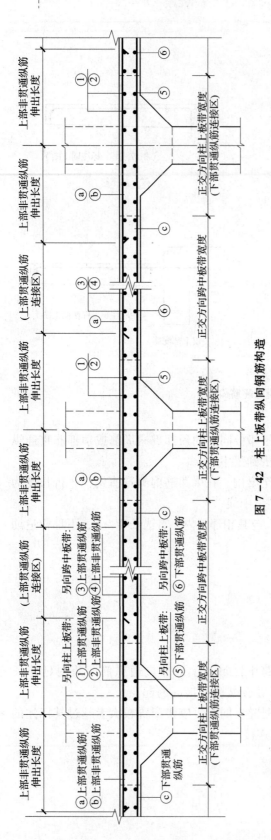

图 7-42 柱上板带纵向钢筋构造

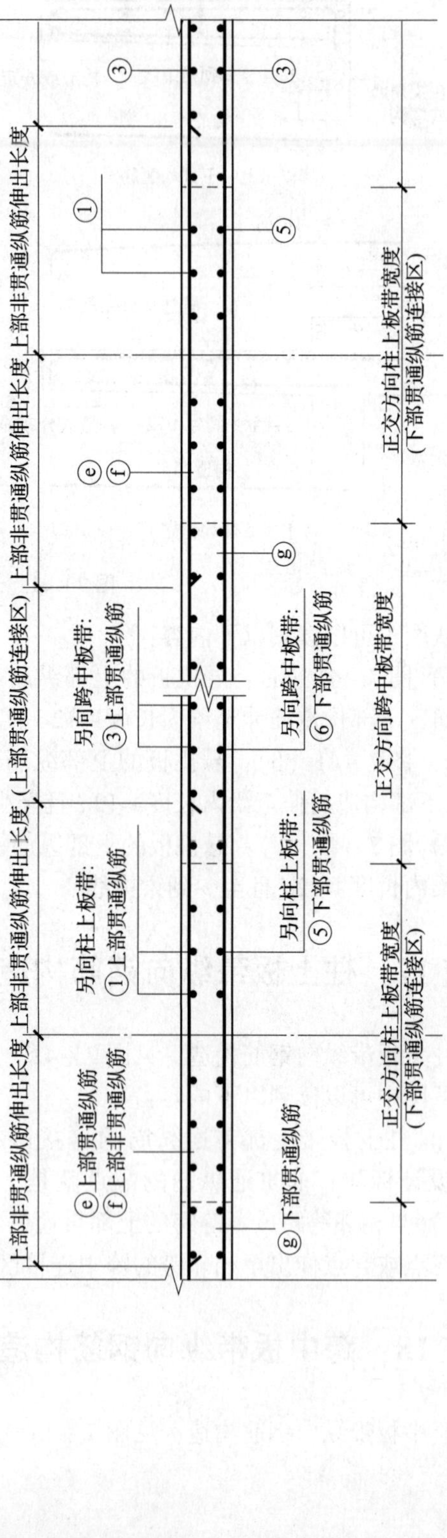

图 7-43 跨中板带纵向钢筋构造

从图中可以读到以下内容：

1）跨中板带上部贯通纵筋连接区在跨中区域。

2）下部贯通纵筋连接区的位置就在正交方向柱上板带的下方。

要点 19：板带端支座纵向钢筋构造

板带端支座纵向钢筋构造，见图 7 - 44。

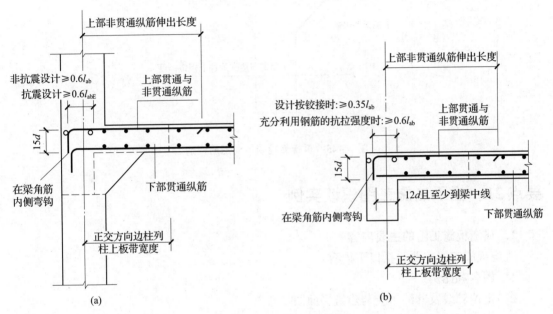

图 7 - 44　板带端支座纵向钢筋构造

（a）柱上板带；（b）跨中板带

从图中可以读到以下内容：

1）当为抗震设计时，应在无梁楼盖的周边设置梁。

2）柱上板带上部贯通纵筋与非贯通纵筋伸至柱内侧弯折 $15d$，当为非抗震设计时，水平段锚固长度 $\geqslant 0.6l_{ab}$；当为抗震设计时，水平段锚固长度 $\geqslant 0.6l_{abE}$。

3）跨中板带上部贯通纵筋与非贯通纵筋伸至柱内侧弯折 $15d$，当设计按铰接时，水平段锚固长度 $\geqslant 0.35l_{ab}$；当设计充分利用钢筋的抗拉强度时，水平段锚固长度 $\geqslant 0.6l_{ab}$。

要点 20：板带悬挑端纵向钢筋构造

板带悬挑端纵向钢筋构造，见图 7 - 45。

板带的上部贯通纵筋与非贯通纵筋一直延伸至悬挑端部，然后拐 90°的直钩伸至板底。板带悬挑端的整个悬挑长度包含在正交方向边柱列柱上板带宽度范围之内。

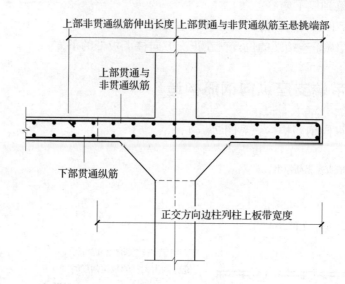

图 7 – 45　板带悬挑端纵向钢筋构造

要点 21：板平法施工图识读实例

1. 现浇板施工图的主要内容

现浇板施工图主要包括以下内容：

1）图名和比例。

2）定位轴线及其编号应与建筑平面图一致。

3）现浇板的厚度和标高。

4）现浇板的配筋情况。

5）必要的设计详图和说明。

2. 现浇板施工图的识读步骤

现浇板施工图的识读步骤如下：

1）查看图名、比例。

2）校核轴线编号及其间距尺寸，要求必须与建筑图、梁平法施工图保持一致。

3）阅读结构设计总说明或图纸说明，明确现浇板的混凝土强度等级及其他要求。

4）明确现浇板的厚度和标高。

5）明确现浇板的配筋情况，并参阅说明，了解未标注的分布钢筋情况等。

识读现浇板施工图时，应注意现浇板钢筋的弯钩方向，以便确定钢筋是在板的底部还是顶部。

需要特别强调的是，应分清板中纵横方向钢筋的位置关系。对于四边整浇的混凝土矩形板，由于力沿短边方向传递得多，下部钢筋一般是短边方向钢筋在下，长边方向钢筋在上，而下部钢筋正好相反。

3．现浇板施工图实例

【例7-5】　图7-46为××工程现浇板施工图——标准层顶板配筋平面图，设计说明见表7-5。

表7-5　标准层顶板配筋平面图设计说明

说明：

1．混凝土等级C30，钢筋采用HPB300（中），HRB335（业）

2．⬛所示范围为厨房或卫生间顶板，板顶标高为建筑标高-0.080m，其他部位板顶标高为建筑标高-0.050m，降板钢筋构造见11G101-1图集

3．未注明板厚均为110mm

4．未注明钢筋的规格均为中8@140

从图中可以读到以下内容：

1）图7-46图号为××工程标准层顶板配筋平面图，绘制比例为1：100。

2）轴线编号及其间距尺寸，与建筑图、梁平法施工图一致。

3）根据图纸说明可知，板的混凝土强度等级为C30。

4）板厚度有110mm和120mm两种，具体位置和标高如图所示。

以左下角房间为例，说明其配筋情况：

下部：下部钢筋弯钩向上或向左，受力钢筋为中8@140（直径为8mm的HPB300级钢筋，间距为140mm）沿房屋纵向布置，横向布置钢筋同样为中8@140，纵向（房间短向）钢筋在下，横向（房间长向）钢筋在上。

上部：上部钢筋弯钩向下或向右，与墙相交处有上部构造钢筋，①轴处沿房屋纵向设中8@140（未注明，根据图纸说明配置），伸出墙外1020mm；②轴处沿房屋纵向设业12@200，伸出墙外1210mm；　　轴处沿房屋横向设中8@140，伸出墙外1020mm；　　轴处沿房屋横向设业12@200，伸出墙外1080mm。上部钢筋作直钩顶在板底。

根据11G101-1图集，有梁楼盖现浇板的钢筋锚固和降板钢筋构造如图7-8、图7-9和图7-29所示，其中HPB300级钢筋末端作180°弯钩，在C30混凝土中HPB300级钢筋和HRB335级钢筋的锚固长度l_a分别为24d和30d。

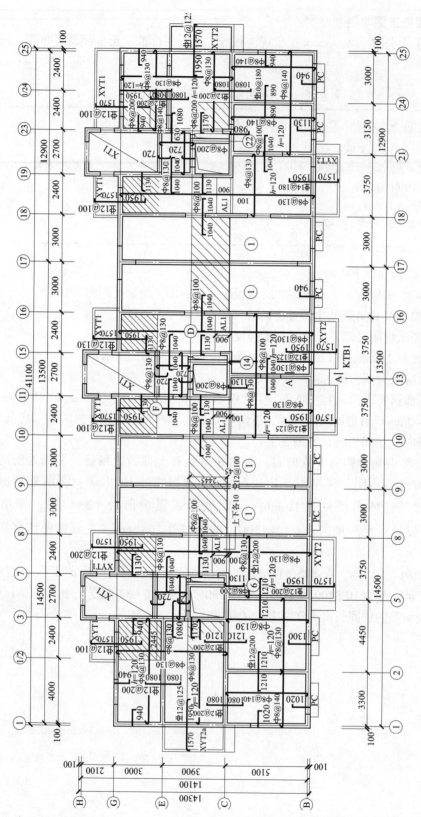

图7-46 标准层顶板配筋平面图

第8章 板式楼梯平法识图

要点1：板式楼梯的平面注写方式

平面注写方式，是指在楼梯平面布置图上以注写截面尺寸和配筋具体数值的方式来表达楼梯施工图。包括集中标注和外围标注。

1. 集中标注

楼梯集中标注的内容包括：

1）梯板类型代号与序号，如 AT ××。

2）梯板厚度。注写方式为 $h = ×××$。当为带平板的梯板且梯段板厚度和平扳厚度不同时，可在梯段板厚度后面括号内以字母 P 打头注写平板厚度。

3）踏步段总高度和踏步级数，之间以"/"分隔。

4）梯板支座上部纵筋、下部纵筋，之间以";"分隔。

5）梯板分布筋，以 F 打头注写分布钢筋具体值，该项也可在图中统一说明。

【例8-1】 平面图中梯板类型及配筋的完整标注示例如下（AT 型）：

AT1，$h = 120$ 　梯板类型及编号，梯板板厚

1800/12 　踏步段总高度/踏步级数

$\pm 10@200$；$\pm 12@150$ 　上部纵筋；下部纵筋

$F\phi 8@250$ 　梯板分布筋（可统一说明）

2. 外围标注

楼梯外围标注的内容，包括楼梯间的平面尺寸、楼层结构标高、层间结构标高、楼梯的上下方向、梯板的平面几何尺寸、平台板配筋、梯梁及梯柱配筋等。

要点2：板式楼梯的剖面注写方式

剖面注写方式需在楼梯平法施工图中绘制楼梯平面布置图和楼梯剖面图，注写方式分平面注写、剖面注写两部分。

1. 平面注写

楼梯平面布置图注写内容，包括楼梯间的平面尺寸、楼层结构标高、层间结构标高、楼梯的上下方向、梯板的平面几何尺寸、梯板类型及编号、平台板配筋、梯梁及梯柱配筋等。

2. 剖面注写

楼梯剖面图注写内容，包括梯板集中标注、梯梁梯柱编号、梯板水平及竖向尺寸、楼层结构标高、层间结构标高等。

梯板集中标注的内容包括：

1）梯板类型及编号，如 AT ××。

2）梯板厚度。注写方式为 $h = \times \times \times$ 。当梯板由踏步段和平板构成，且踏步段梯板厚度和平板厚度不同时，可在梯板厚度后面括号内以字母 P 打头注写平板厚度。

3）梯板配筋。注明梯板上部纵筋和梯板下部纵筋，用分号 ";" 将上部与下部纵筋的配筋值分隔开来。

4）梯板分布筋。以 F 打头注写分布钢筋具体值，该项也可在图中统一说明。

要点 3：板式楼梯的列表注写方式

列表注写方式，系用列表方式注写梯板截面尺寸和配筋具体数值的方式来表达楼梯施工图。

列表注写方式的具体要求同剖面注写方式，仅将剖面注写方式中的梯板集中标注中的梯板配筋注写项改为列表注写项即可。

梯板几何尺寸和配筋列表格式见表 8－1。

表 8－1　梯板几何尺寸和配筋

梯板编号	踏步段总高度/踏步级数	板厚 h	上部纵向钢筋	下部纵向钢筋	分布筋

要点 4：板式楼梯包含的构件

板式楼梯所包含的构件内容一般有踏步段、层间梯梁、层间平板、楼层梯梁和楼层平板等（图 8－1）。

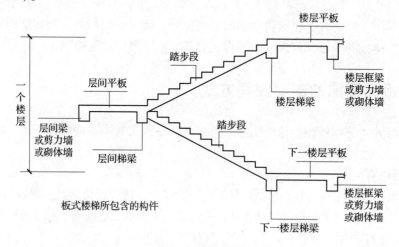

图 8－1　板式楼梯

1. 踏步段

任何楼梯都包含踏步段。每个踏步的高度和宽度应该相等。且每个踏步的宽度和高度一般以上下楼梯舒适为准，例如，踏步高度为 150mm，踏步宽度为 280mm。而每个踏步的高度和宽度之比，决定了整个踏步段斜板的斜率。

2. 层间平板

楼梯的层间平板就是人们常说的"休息平台"。注意：在 11G101 – 2 图集中，"两跑楼梯"包含层间平板；而"一跑楼梯"不包含层间平板，在这种情况下，楼梯间内部的层间平板就应该另行按"平板"进行计算。

3. 层间梯梁

楼梯的层间梯梁起到支承层间平板和踏步段的作用。11G101 – 2 图集的"一跑楼梯"需要有层间梯梁的支承，但是一跑楼梯本身不包含层间梯梁，所以在计算钢筋时，需要另行计算层间梯梁的钢筋。11G101 – 2 图集的"两跑楼梯"没有层间梯梁，其高端踏步段斜板和低端踏步段斜板直接支承在层间平板上。

4. 楼层梯梁

楼梯的楼层梯梁起到支承楼层平板和踏步段的作用。11G101 – 2 图集的"一跑楼梯"需要有楼层梯梁的支承，但是一跑楼梯本身不包含楼层梯梁，所以在计算钢筋时，需要另行计算楼层梯梁的钢筋。11G101 – 2 图集的"两跑楼梯"分为两类：FT、GT 没有楼层梯梁，其高端踏步段斜板和低端踏步段斜板直接支承在楼层平板上；HT 需要有楼层梯梁的支承。但是这两种楼梯本身不包含楼层梯梁，所以在计算钢筋时，需要另行计算楼层梯梁的钢筋。

11G101 – 2 图集的第 8 页规定了梯梁的构造做法：

"梯梁按双向受弯构件计算，当支承在梯柱上时，其构造做法按 11G101 – 1 中框架梁 KL；当支承在梁上时，其构造做法按 11G101 – 1 中非框架梁 L。"

5. 楼层平板

楼层平板就是每个楼层中连接楼层梯梁或踏步段的平板，但是，并不是所有楼梯间都包含楼层平板的。11G101 – 2 图集的"两跑楼梯"中的 FT、GT 包含楼层平板；而"两跑楼梯"中的 HT，以及"一跑楼梯"不包含楼层平板。在计算钢筋时，需要另行计算楼层平板的钢筋。

要点 5：现浇混凝土板式楼梯的类型

现浇混凝土板式楼梯包含 11 种类型，见表 8 – 2。

表 8 – 2　楼梯类型

梯板代号	适 用 范 围		是否参与结构整体抗震计算
	抗震构造措施	适用结构	
AT	无	框架、剪力墙、砌体结构	不参与
BT			
CT	无	框架、剪力墙、砌体结构	不参与
DT			
ET	无	框架、剪力墙、砌体结构	不参与
FT			

续表 8 – 2

梯板代号	适 用 范 围		是否参与结构整体抗震计算
	抗震构造措施	适用结构	
GT	无	框架结构	不参与
HT		框架、剪力墙、砌体结构	
ATa	有	框架结构	不参与
ATb			不参与
ATc			参与

注：1. ATa 低端设滑动支座支承在梯梁上；ATb 低端设滑动支座支承在梯梁的挑板上。

2. ATa、ATb、ATc 均用于抗震设计，设计者应指定楼梯的抗震等级。

要点 6：AT ~ ET 型板式楼梯的特征

1）AT ~ ET 型板式楼梯代号代表一段带上下支座的梯板。梯板的主体为踏步段，除踏步段之外，梯板可包括低端平板、高端平板以及中位平板。

2）AT ~ ET 各型梯板的截面形状为：

AT 型梯板全部由踏步段构成，见图 8 – 2。

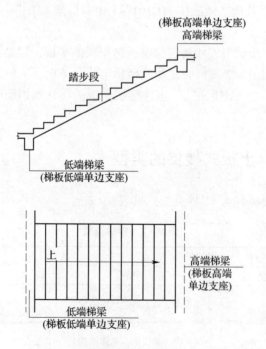

图 8 – 2 AT 型楼梯截面形状与支座位置

BT 型梯板由低端平板和踏步段构成，见图 8-3。

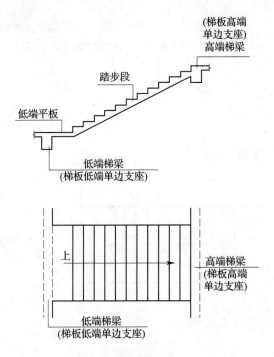

图 8-3 BT 型楼梯截面形状与支座位置

CT 型梯板由踏步段和高端平板构成，见图 8-4。

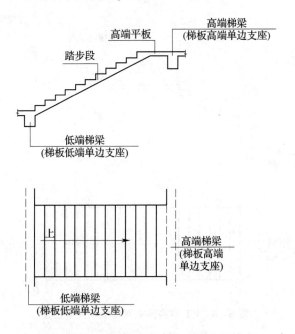

图 8-4 CT 型楼梯截面形状与支座位置

DT 型梯板由低端平板、踏步板和高端平板构成，见图 8-5。

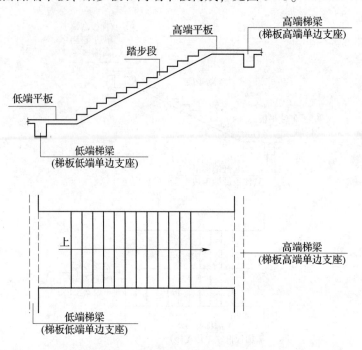

图 8-5 DT 型楼梯截面形状与支座位置

ET 型梯板由低端踏步段、中位平板和高端踏步段构成，见图 8-6。

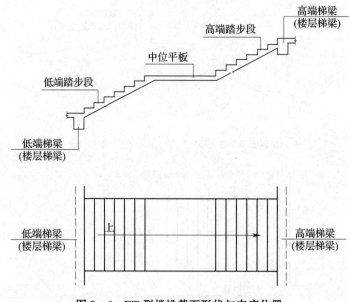

图 8-6 ET 型楼梯截面形状与支座位置

3）AT~ET 型梯板的两端分别以（低端和高端）梯梁为支座，采用该组板式楼梯的楼梯间内部既要设置楼层梯梁，也要设置层间梯梁（其中 ET 型梯板两端均为楼层梯梁），以及与其相连的楼层平台板和层间平台板。

4）AT～ET型梯板的型号、板厚、上下部纵向钢筋及分布钢筋等内容应在平法施工图中注明。梯板上部纵向钢筋向跨内伸出的水平投影长度见相应的标准构造详图，设计不注，但应予以校核；当标准构造详图规定的水平投影长度不满足具体工程要求时，应另行注明。

要点7：FT～HT型板式楼梯的特征

1）FT～HT每个代号代表两跑踏步段和连接它们的楼层平板及层间平板。

2）FT～HT型梯板的构成可分为两类：

①FT型和GT型，由层间平板、踏步段和楼层平板构成，分别见图8-7、图8-8。

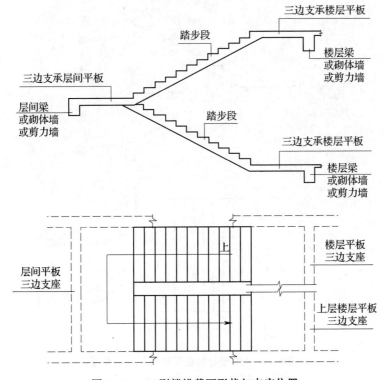

图8-7 FT型楼梯截面形状与支座位置

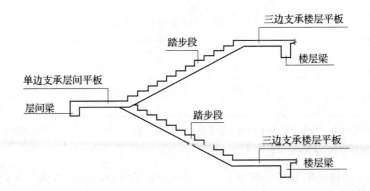

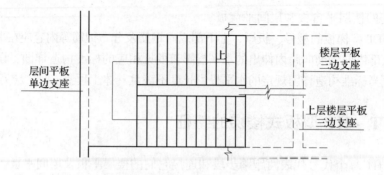

图 8 - 8 GT 型楼梯截面形状与支座位置

②HT 型，由层间平板和踏步段构成，见图 8 - 9。

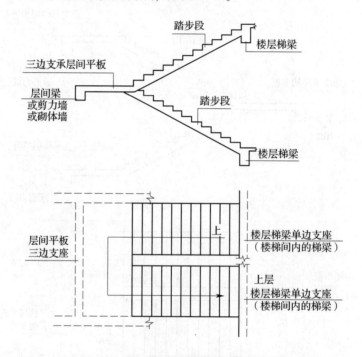

图 8 - 9 HT 型楼梯截面形状与支座位置

3）FT 型、GT 型、HT 型梯板的支承方式见表 8 - 3。

表 8 - 3 FT ~ HT 型梯板支承方式

梯板类型	层间平板端	踏步段端（楼层处）	楼层平板端
FT	三边支承	—	三边支承
GT	单边支承	—	三边支承
HT	三边支承	单边支承（梯梁上）	

注：由于 FT ~ HT 梯板本身带有层间平板或楼层平板，对平板段采用三边支承方式可以有效减少梯板的计算跨度，能够减少板厚从而减轻梯板自重和减少配筋。

4）FT ~ HT 型梯板的型号、板厚、上下部纵向钢筋及分布钢筋等内容由设计者在平法施工图中注明。FT~HT 型平台上部横向钢筋及其外伸长度，在平面图中原位标注。梯板上部纵向钢筋向跨内伸出的水平投影长度见相应的标准构造详图，设计不注，但设计者应予以校核；当标准构造详图规定的水平投影长度不满足具体工程要求时，应由设计者另行注明。

要点 8：ATa、ATb 型板式楼梯的特征

1）ATa、ATb 型为带滑动支座的板式楼梯，梯板全部由踏步段构成，其支承方式为梯板高端均支承在梯梁上。ATa 型梯板低端带滑动支座支承在梯梁上，如图 8-10 所示；ATb 型梯板低端带滑动支座支承在梯梁的挑板上，如图 8-11 所示。

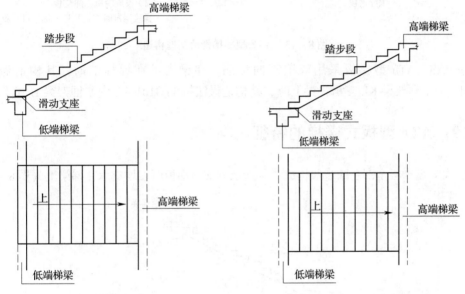

| 图 8-10　ATa 型楼梯截面形状与支座位置 | 图 8-11　ATb 型楼梯截面形状与支座位置 |

2）滑动支座做法见图 8-12、图 8-13，采用何种做法应由设计指定。滑动支座垫板可选用聚四氟乙烯板（四氟板），也可选用其他能起到有效滑动的材料，其连接方式由设计者另行处理。

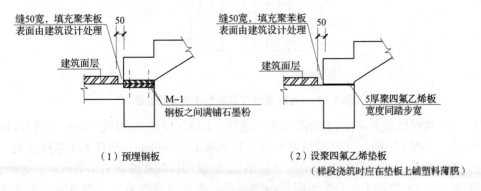

图 8-12　ATa 型楼梯滑动支座构造

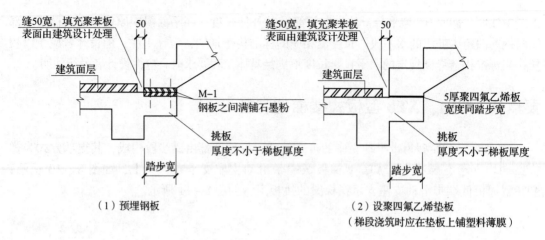

图 8-13　ATb 型楼梯滑动支座构造

3）ATa、ATb 型梯板采用双层双向配筋。梯梁支承在梯柱上时，其构造做法按 11G101-1 中框架梁 KL 支承在梁上时，其构造做法按 11G101-1 中非框架梁 L。

要点 9：ATc 型板式楼梯的特征

1）ATc 型梯板全部由踏步段构成，其支承方式为梯板两端均支承在梯梁上（图 8-14）。

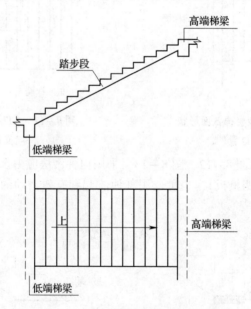

图 8-14　ATc 型楼梯截面形状与支座位置

2）ATc 楼梯休息平台与主体结构可整体连接（图 8-15），也可脱开连接（图 8-16）。

3）ATc 型楼梯梯板厚度应按计算确定，且不宜小于 140mm；梯板采用双层配筋。

4）ATc 型梯板两侧设置边缘构件（暗梁），边缘构件的宽度取 1.5 倍板厚；边缘构件纵筋数量，当抗震等级为一、二级时不少于 6 根，当抗震等级为三、四级时不少于 4 根；

纵筋直径为 $\phi12$ 且不小于梯板纵向受力钢筋的直径；箍筋为 $\phi6@200$。

平台板按双层双向配筋。

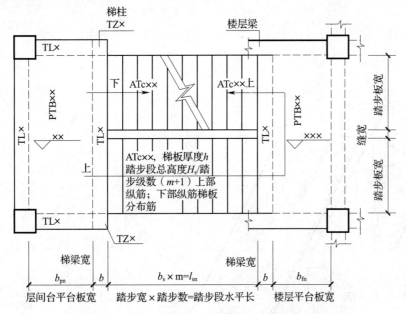

图 8–15 ATc 楼梯休息平台与主体结构整体连接构造

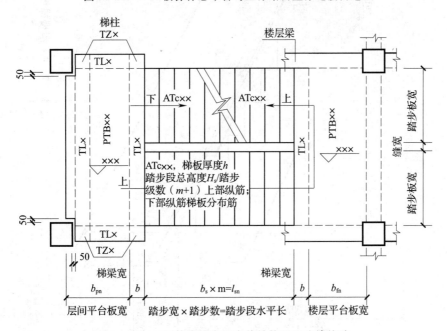

图 8–16 ATc 休息平台与主体结构脱开连接构造

要点 10：AT ~ ET 型梯板配筋构造

AT ~ ET 型梯板配筋构造如图 8–17 ~ 图 8–21 所示。

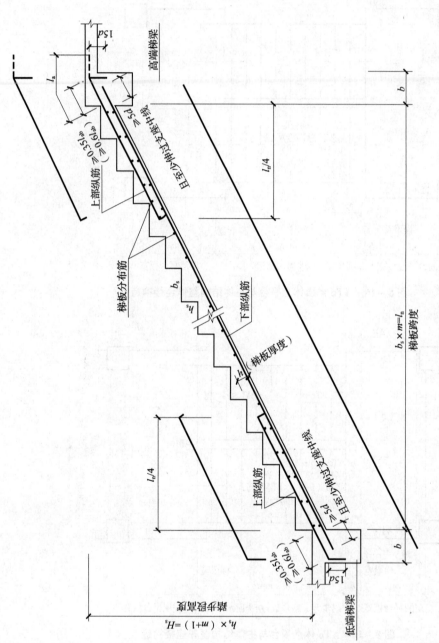

图 8-17 AT 型楼梯板配筋构造

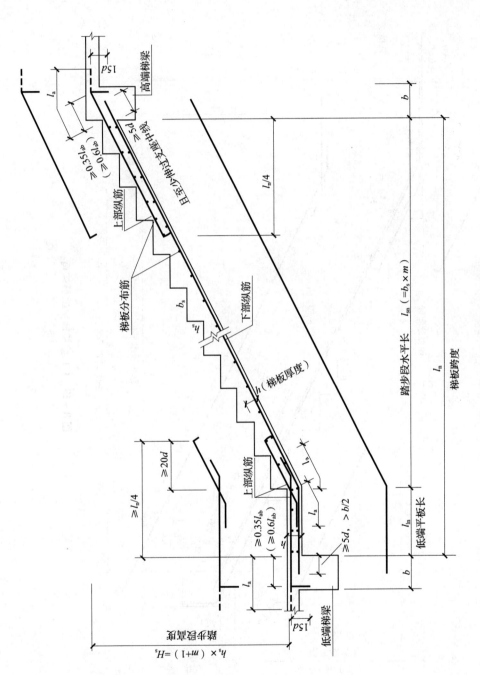

图 8-18 BT 型楼梯梯板配筋构造

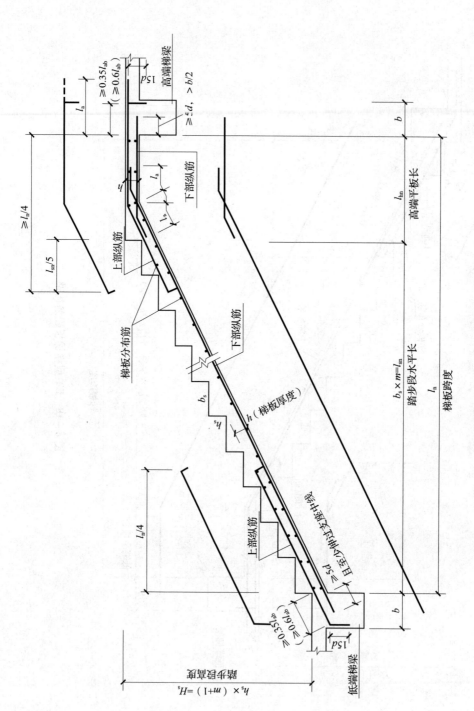

图 8 - 19 CT 型楼梯梯板配筋构造

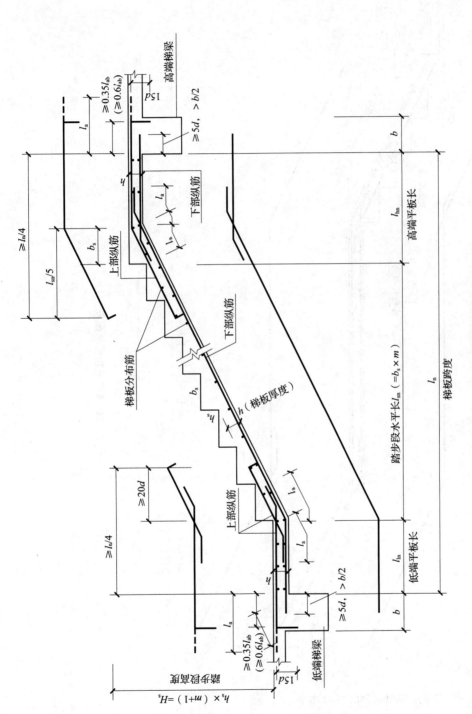

图 8-20　DT 型楼梯配板筋构造

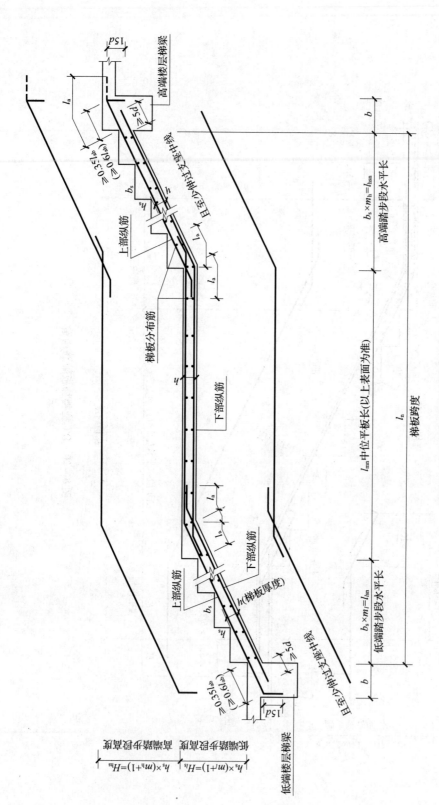

图 8 – 21　ET 型楼板配筋构造

从图中可以读到以下内容：

1）当采用 HPB300 光面钢筋时，除梯板上部纵筋的跨内端头做 90°直角弯钩外，所有末端应做 180°的弯钩。

2）图中上部纵筋锚固长度 $0.35l_{ab}$ 用于设计按铰接的情况，括号内数据 $0.6l_{ab}$ 用于设计考虑充分发挥钢筋抗拉强度的情况，具体工程中设计应指明采用何种情况。

3）上部纵筋有条件时可直接伸入平台板内锚固，从支座内边算起总锚固长度不小于 l_a，如图中虚线所示。

4）上部纵筋需伸至支座对边再向下弯折。

要点 11：楼梯与基础连接构造

各型楼梯第一跑与基础连接构造如图 8 - 22 ~ 图 8 - 25 所示。

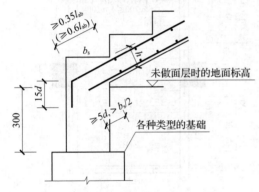

图 8 - 22　各型楼梯第一跑
与基础连接构造（一）

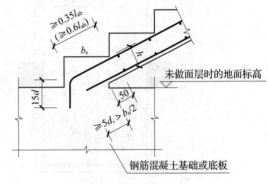

图 8 - 23　各型楼梯第一跑
与基础连接构造（二）

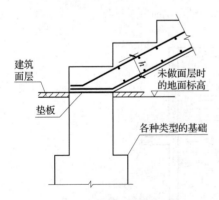

图 8 - 24　各型楼梯第一跑
与基础连接构造（三）
（用于滑动支座）

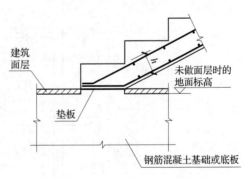

图 8 - 25　各型楼梯第一跑
与基础连接构造（四）
（用于滑动支座）

从图中可以读到以下内容：

1）滑动支座垫板可选用聚四氟乙烯板（四氟板），也可选用其他能起到有效滑动的材料，其连接方式由设计者另行处理。

2）当梯板型号为 ATc 时，图中 l_{ab} 应改成 l_{abE}，下部纵筋锚固要求同上部纵筋。

要点 12：板式楼梯钢筋识图实例

【例 8 – 2】　××工程现浇楼梯施工图中，楼梯平面图（即楼梯配筋图）如图 8 – 26 所示，楼梯竖向布置简图（即楼梯剖面图）如图 8 – 27 所示，梯梁截面图如图 8 – 28 所示，图纸说明见表 8 – 4。

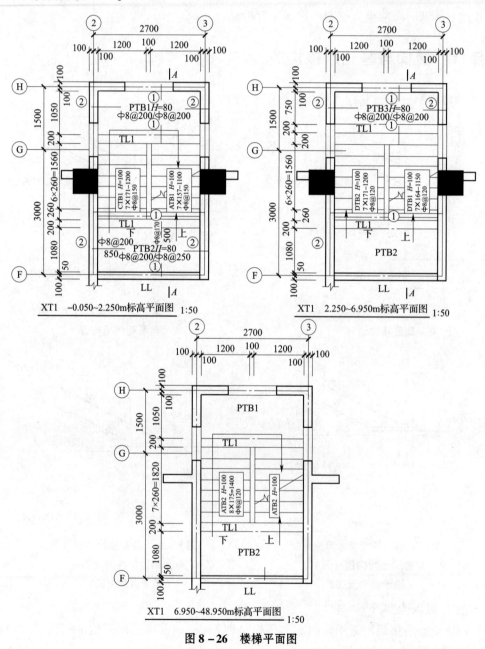

图 8 – 26　楼梯平面图

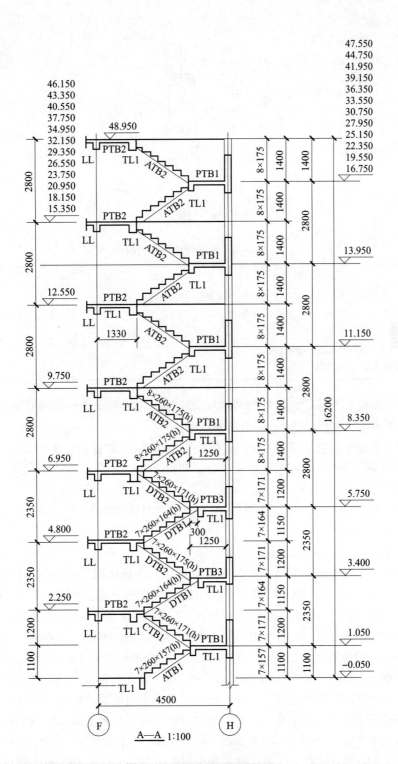

图 8-27 楼梯竖向布置简图

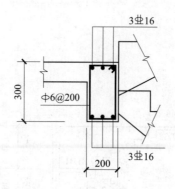

图 8 - 28　梯梁截面图

表 8 - 4　楼梯详图图纸说明

说明:
1. 现浇楼梯采用 C30 混凝土, HPB300 (中), HRB335 (中) 钢筋
2. 钢筋的混凝土保护层厚: 板为 20mm, 梁为 25mm
3. 板顶标高为建筑标高减 0.050m
4. 未标注的分布筋: 架立筋为 φ8@250
5. 楼梯配筋构造详见 11G101 - 2 图集

从建筑和结构平面图可知, 该工程设三部相同的楼梯。图 8 - 26 楼梯平面图和图 8 - 27 楼梯竖向布置简图的位置、尺寸、标高与建筑相符。

现浇楼梯混凝土强度等级为 C30。板保护层为 20mm, 梁保护层为 25mm。

该工程为板式楼梯, 主要由梯板、平台板和梯梁组成。

1. 梯板

以标高 - 0.050m ~ 3.400m 之间的三种类型, 说明梯板的识读。从楼梯平面图和楼梯竖向布置简图可知:

(1) 标高 - 0.050m ~ 1.050m 之间的梯板

从楼梯竖向布置简图 (即 A—A 剖面图) 可知, 该梯板以顶标高为 - 0.050m 的楼层平台梁和顶标高为 1.050m 的层间平台梁为支座。从楼梯平面图可知, 该梯板为 AT 型梯板, 类型代号和序号为 ATB1; 厚度为 100mm; 7 个踏步, 每个踏步高度为 157mm, 踏步总高度为 1100mm; 梯板下部纵向钢筋为 φ8@150, 即 HPB300 (Ⅰ级钢), 直径为 8mm, 间距为 150mm。踏步宽度为 260mm, 梯板跨度为 6 × 260 = 1560 (mm)。从图纸说明可知, 梯板中的分布筋为 φ8@250, 即 HPB300 (Ⅰ级钢), 直径为 8mm, 间距为 250mm。

从图 8 - 17 中的标准构造详图可知: 梯板下部纵向钢筋通长配置, 两端进入支座不小于 $5d$, 且不小于板厚 h (取 100mm), 末端做 180°弯钩。梯板上部纵向钢筋要求按下部纵向钢筋的 1/2 配置, 且不小于 φ8@200, 取 HPB300 (Ⅰ级钢), 直径为 8mm, 间距为 200mm, 伸出支座梯梁的水平投影长度为梯板静跨度的 1/4, 为 390mm, 即可算得钢筋伸出支座的斜长为 390 × $(157^2 + 260^2)^{1/2}/260 = 456$mm; 进入平台梁内的锚固长度不小于受拉钢筋最小锚固长度 l_a (查得 24d 即 192mm), 要求弯折前支座内的钢筋斜长不小于 $0.4 l_a$

（即 77mm），弯折半径为 4d（即 32mm），弯折后的长度为 15d（即 120mm）；钢筋锚固端需做 180°弯钩，另一端做 90°支顶在模板上。

（2）标高 1.050m ~ 2.250m 之间的梯板

从楼梯竖向布置简图可知，该梯板以顶标高为 1.050m 的楼层平台梁和顶标高为 2.250m 的层间平台梁为支座。从楼梯平面图可知，该梯板为 CT 型梯板（由踏步段和高端平板构成），类型代号和序号为 CTB1；厚度为 100mm；7 个踏步，每个踏步高度为 171mm，踏步总高度为 1200mm；梯板下部纵向钢筋为 φ8@150。踏步宽度为 260mm，梯板跨度为 1820mm（6×260mm + 260mm）。从图纸说明可知，梯板中的分布筋为 φ8@250。

从图 8-19 中的标准构造详图可知：梯板下部纵向钢筋在踏步段和高端平板分别配置，相交处分别伸至对方上部锚固，锚固长度为 l_a。在踏步段和高端平板端部进入支座不小于 5d，并且不小于板厚 h（取 100mm）。钢筋端部做 180°弯钩。

梯板上部纵向钢筋要求按下部纵向钢筋的 1/2 配置，且不小于 φ8@200。伸出低端支座梯梁的水平投影长度为梯板静跨度的 1/4，即 455mm，可算得低端支座处上部纵向钢筋伸出支座的斜长为 455×（171² + 260²）^{1/2}/260 = 545mm；进入平台梁内的锚固长度不小于受拉钢筋最小锚固长度 l_a，要求弯折前支座内的钢筋斜长不小于 0.4l_a（即 77mm），弯折半径为 4d，弯折后的长度为 15d；钢筋锚固端需做 180°弯钩，另一端做 90°支顶在模板上。伸出高端支座梯梁的水平投影长度不小于梯板静跨度的 1/4，并且斜钢筋的水平投影长度为踏步段水平净长的 1/5（312mm），所以取伸出支座的水平投影长度为梯板静跨度的 1/4，斜长为 545mm，钢筋水平进入高端支座，锚固长度不小于受拉钢筋最小锚固长度 l_a，要求弯折前支座内的钢筋斜长不小于 0.4l_a，弯折半径为 4d，弯折后的长度为 15d。

（3）标高 2.250m ~ 3.400m 之间的梯板

从楼梯竖向布置简图可知，该梯板以顶标高为 2.250m 的层间平台梁和顶标高为 3.400m 的楼层平台梁为支座。从楼梯平面图可知，该梯板为 DT 型梯板（由低端平板、踏步段和高端平板构成），类型代号和序号为 DTB1，厚度为 100mm；7 个踏步，每个踏步高度为 164mm，踏步总高度为 1150mm；梯板下部纵向钢筋为 φ8@120。踏步宽度为 260mm，梯板跨度为 260 + 6×260 + 300 = 2120mm。从图纸说明可知，梯板中的分布筋为 φ8@25。

从图 8-20 中的标准构造详图可知：梯板下部纵向钢筋在底端平板和踏步段、高端平板分别配置，踏步段和高端平板相交处分别伸至对方上部锚固，锚固长度为 l_a。在低端平板和高端平板端部进入支座不小于 5d，并且不小于板厚 h（取 100mm）。钢筋端部做 180°弯钩。

梯板上部纵向钢筋要求按下部纵向钢筋的 1/2 配置，且不小于 φ8@200。在低端平板和踏步段相交处分别伸至对方下部锚固，锚固长度为 l_a。伸出两端支座梯梁的水平投影长度不小于梯板静跨度的 1/4（530mm），并且斜钢筋的水平投影长度为踏步段水平净长的 1/5（312mm），所以钢筋伸出低端平台的水平投影长度取为 260 + 312 = 572mm，其相应斜段长度为 312×（164² + 260²）^{1/2}/260 = 369mm；伸出高端平台的水平投影长度取为 530mm，其相应斜段长度为（530 - 300 + 260）×（164² + 260²）^{1/2}/260mm = 579mm。钢筋水平进入两端支座，锚固长度不小于受拉钢筋最小锚固长度 l_a，要求弯折前支座内的钢筋斜长不小于 0.4l_a，弯折半径为 4d，弯折后的长度为 15d。

2. 平台板

板除按通常配筋平面表示外，还可以采用平面注写方式。板的平面注写主要包括板块集中标注和板支座原位标注。

以 2.250m 标高处的平台板为例，说明平台板的识读。

从图 8 – 26 可知：编号 PTB2，板厚为 80mm，短跨方向下部钢筋为 φ8@200，即 HPB300（Ⅰ级钢），直径为 8mm，间距为 200mm；长跨方向下部钢筋为 φ8@250，即 HPB300（Ⅰ级钢），直径为 8mm，间距为 250mm。短向支座上部钢筋为①号筋，为 φ8@170，伸出梁侧面 500ⅿⅿ，进入梁内为锚固长度；长向支座上部钢筋为②号筋，为 φ8@200，伸出梁侧面 850mm，进入梁内为锚固长度。

3. 梯梁

从图 8 – 28 梯梁截面注写可知：梯梁截面为 200mm × 300mm，上、下部纵向钢筋均为 3φ16，箍筋为 φ6@200，纵向钢筋的构造要求如图 6 – 31 所示，其中纵向钢筋锚固长度 l_a 为 30d。

参 考 文 献

［1］ 中国建筑标准设计研究院.11G101－1混凝土结构施工图平面整体表示方法制图规则和构造详图（现浇混凝土框架、剪力墙、梁、板）. 北京：中国计划出版社，2011.

［2］ 中国建筑标准设计研究院.11G101－2混凝土结构施工图平面整体表示方法制图规则和构造详图（现浇混凝土板式楼梯）. 北京：中国计划出版社，2011.

［3］ 中国建筑标准设计研究院.11G101－3混凝土结构施工图平面整体表示方法制图规则和构造详图（独立基础、条形基础、筏形基础及桩基承台）. 北京：中国计划出版社，2011.

［4］ 中国建筑标准设计研究院.12G901－1混凝土结构施工钢筋排布规则与构造详图（现浇混凝土框架、剪力墙、框架－剪力墙）. 北京：中国计划出版社，2012.

［5］ 混凝土结构设计规范 GB 50010—2010［S］. 北京：中国建筑工业出版社，2010.

［6］ 建筑抗震设计规范 GB 50011—2010［S］. 北京：中国建筑工业出版社，2010.

［7］ 高层建筑筏形与箱形基础技术规范 JGJ 6—2011［S］. 北京：中国建筑工业出版社，2011.

［8］ 上官子昌. 平法钢筋识图与计算细节详解［M］. 北京：机械工业出版社，2011.

［9］ 高竞. 平法结构钢筋图解读［M］. 北京：中国建筑工业出版社，2009.

参 考 文 献